AF389216

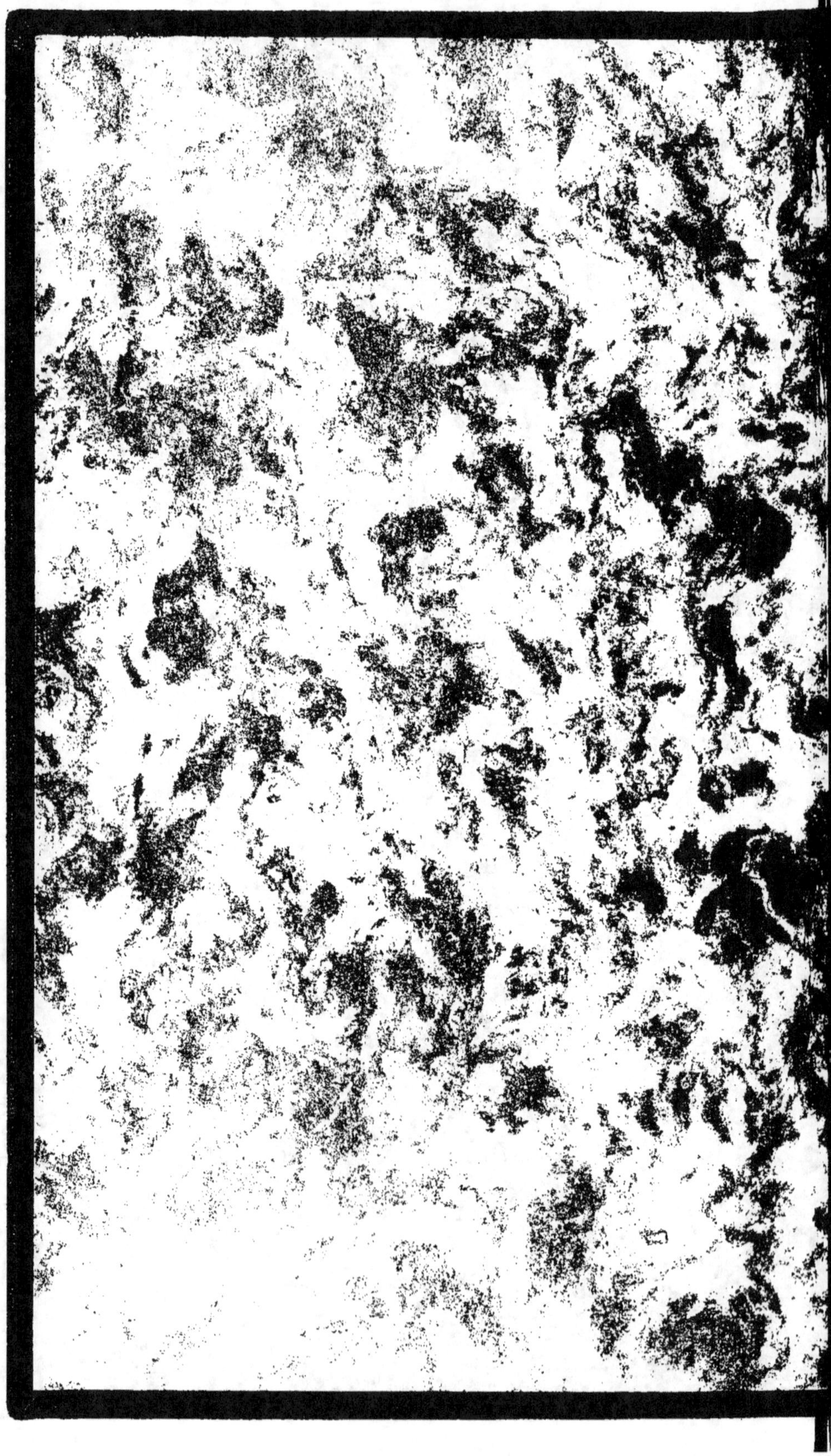

HISTOIRE

DE

L'HORLOGERIE

EN FRANCHE-COMTÉ

Par le Dr PERRON.

BESANÇON

CHEZ TOUS LES LIBRAIRES

1860.

HISTOIRE

DE L'HORLOGERIE

EN FRANCHE-COMTÉ

LYON

IMPRIMERIE DE LOUIS PERRIN.

HISTOIRE

DE

L'HORLOGERIE

EN FRANCHE-COMTÉ

Par le Dr PERRON.

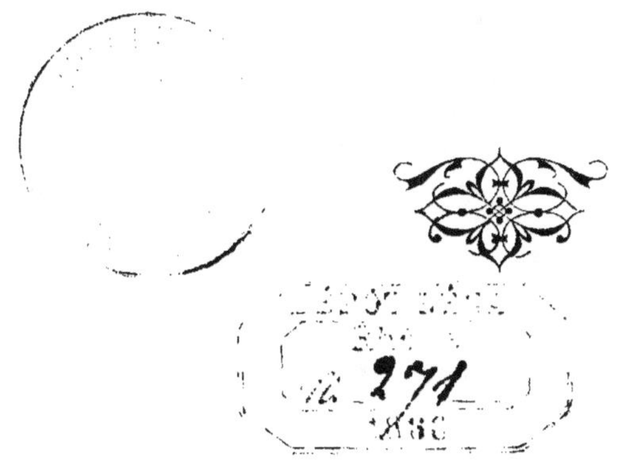

BESANÇON

CHEZ TOUS LES LIBRAIRES

1860.

AVANT-PROPOS.

Le malheur a sur le caractère de l'homme une influence incontestable : s'il ne tue pas moralement, il est salutaire et fortifiant ; et c'est surtout lorsqu'il est fortuit, c'est-à-dire non mérité, qu'il possède cette action roborative. Il en est de même des calamités qui passent, comme l'inondation, sur une province : elles la retrempent, mais elles l'attristent. Le peuple que l'adversité visite souvent ne voit de la vie que les désenchantements ; il a besoin de se reposer, non dans les biens d'ici-bas qui lui échappent sans cesse, mais dans les biens d'un ordre supérieur et plus constant ; il perd l'enthousiasme des nations jeunes et prospères pour devenir froid, calme et réfléchi.

Etonnons-nous donc qu'après les invasions des Suèdes,

ij

des Lorrains et des Français, qu'après les violences et les larcins des gens de guerre, qu'après les longues dévastations de la peste et de la famine, la Franche-Comté soit devenue sérieuse et triste! Etonnons-nous qu'une grande roideur forme le fond du caractère de ses habitants!

Le Franc-Comtois des régions basse et moyenne, où est Besançon, a été de tout temps agricole et viticole; il a aimé et il aime encore avec passion les professions rustiques où l'on trouve, sinon la richesse, du moins une aisance honnête, une vertu facile et une indépendance incontestable; il a une instinctive aversion pour les nouveautés industrielles, comme pour les nouveautés en général, persuadé que la certitude du succès dans les entreprises peut tout au plus équivaloir aux efforts qu'elles nécessitent et aux inconvénients physiques ou moraux qu'elles entraînent. D'ailleurs, il est peu susceptible d'exaltation, et la fumée de l'enthousiasme pour quoi que ce soit rarement lui monte au cerveau. Qui le blâmera d'être sceptique et froid au milieu de la génération présente si mobile, si souvent déçue, et toujours le dos au vent? Qui ne voit dans sa gravité un serre-frein providentiel? Quoi qu'il en soit, j'ai cru devoir justifier mes concitoyens (car on les en accuse!) d'apporter en toutes choses une grande réserve, ce qui, jusqu'ici, les a retenus hors de la voie des spéculations extravagantes de notre temps.

On raconte que M. de Lacoré, intendant-général de la

Province, désireux d'introduire en France l'industrie de nos voisins les Suisses, dont nous étions les tributaires, assembla dans son palais les notables de Besançon. Il leur exposa qu'un Genevois s'offrait, moyennant quelques avances pécuniaires, à fonder dans Besançon un établissement d'horlogerie analogue à ceux qui florissaient en Suisse ; il leur fit voir combien l'entreprise était facilement réalisable et quels en seraient certainement les avantages pour toute la Franche-Comté. Puis, s'adressant individuellement au notable le plus connu de la cité, le populaire Ragot :

« — Que pensez-vous, lui dit-il, de la proposition qui « nous est faite ? »

« — C'est un Suisse qui nous la fait ? demande Ragot : « je suis d'avis qu'on le pende ! — *Ço in Suisse ? qu'on* « *lou pende !* »

Vous direz à cela que Ragot avait en vue plutôt le Grec que son présent. Non, Ragot le vigneron ne voulait ni de l'un ni de l'autre ; ce personnage est le type d'une race agreste, difficile à convaincre ; qui n'a jamais envié l'opulence des habitants d'Alsace, ni convoité pour elle-même l'enrichissement subit des pâtres de l'Helvétie.

Comment la fabrication des montres, importée en France depuis un peu plus d'un demi-siècle, est-elle devenue pour la Franche-Comté une industrie de premier ordre ? Comment se rendre compte de l'agrandissement inouï de cette fabrique dans une province où la faveur

populaire lui a manqué complètement? Ce fait antinomal
aura son explication dans l'historique qui va suivre. On
y verrra, d'une part, tous les obstacles qu'on a suscités à
l'horlogerie dans ses débuts, et de l'autre, tous les sacrifices que les gouvernements ont dû faire pour assurer la
réussite de son établissement ; que si cette industrie doit
nous enrichir et nous rendre meilleurs, ce n'est pas aux
particuliers non plus qu'aux administrations locales du
pays qu'il en faut savoir gré ; que si, au contraire, l'introduction de cette manufacture a marqué l'heure de
notre dégénération, la Franche-Comté n'en doit pas être
responsable.

Octobre 1858.

HISTOIRE

DE L'ETABLISSEMENT

ET

DES PROGRÈS DE L'HORLOGERIE

EN

FRANCHE-COMTÉ.

Commission provisoire.

En 1793, des horlogers du Locle et de la Chaux-de-Fonds, affiliés à la société des Jacobins de Morteau, s'associaient à toutes les réjouissances publiques et célébraient tous les événements qui se passaient en France à cette époque, et cela assez hautement pour que le gouvernement de Neuchâtel en prît ombrage et en fît incarcérer quelques-uns (1). Ces mesures engagèrent les plus compromis à prendre le chemin de l'exil, et

(1) Ils avaient planté l'arbre de la liberté dans leur pays, sur *le sol des rois*, comme le fait remarquer Mégevand (Lettres. Arch. préf.), et de là ils s'étaient rendus en pompe à Morteau pour y enterrer la royauté.

la Franche-Comté fournit un asile à ces trans-
fuges (1).

Je crois volontiers que les persécutions politiques n'ont pas été le seul motif des désertions
qui ont eu lieu, et que plus d'un exilé, n'ayant
en Suisse ni considération ni crédit, a été bien
aise de s'en créer à l'étranger.

Quoi qu'il en soit, ces citoyens abandonnaient
un pays où l'on persécutait les patriotes et ve-
naient demander à la France une hospitalité qu'ils
étaient à même de payer largement. En effet, dans
un temps où cette puissance était en guerre avec
presque toute l'Europe et où, par conséquent, il
lui importait de se suffire à elle-même, ils y ame-
naient une industrie dont elle manquait; ils en
dépossédaient un pays ennemi, Neuchâtel, où elle
était florissante, pour en doter la République.

C'est ce qu'exposaient dans leur mémoire au
Ministre quelques négociants du Locle et de la
Chaux-de-Fonds. Ce mémoire, œuvre de Mégevand (l'aîné) (2), est long, diffus et mal écrit. « Mégevand commence par y énumérer longuement les
bienfaits de l'industrie, de l'industrie horlogère

(1) Voyez l'arrêté de Bassal du 21 brumaire.

(2) C'est Laurent Mégevand qui conçut l'idée de créer un
établissement d'horlogerie à Besançon. Il communiqua son
projet à quelques membres de l'Assemblée constituante, Gua-
det, Vergniaud, Fonfrède, qui lui dirent de faire à Clavières,
alors ministre, des propositions, et l'assurèrent de leur appui.

surtout, qui doit produire en Franche-Comté d'heureux fruits et en faire disparaître la paresse et la mendicité; chaque famille pauvre, dit Mégevand, y trouvera l'aisance par le travail, et la certitude d'un salaire suffisant garantira la vertu des filles des séductions de la débauche, etc.....

« Il est clair, après cela, que la République ne peut refuser quelques avances au fondateur d'un établissement de cette portée, d'autant mieux, dit-il encore, qu'en quittant la Suisse, il la dépouille de son industrie et s'en interdit à jamais la rentrée. Il faut donc qu'on le mette si bien, qu'il n'ait rien à regretter de son passé; il faut qu'il ait pour lui, ses ouvriers et ses enfants, logement préparé d'avance et gratuit pendant huit ou neuf années; il faut qu'il soit défrayé de son voyage et du transport de ses effets, etc. Comme il ne pourrait lutter sans désavantage contre la concurrence tout établie des horlogers de Besançon (1), il est indispensable qu'on lui fasse le prêt d'une somme, or ou argent, de laquelle il jouira sans intérêts pendant quelques années. Outre cela, il fixe les titres

Le Mémoire de Mégevand fut envoyé à Clavières le 31 mai, et par suite des révolutions du temps, ne fut transmis aux Administrateurs du Doubs qu'à un mois et demi de là.

(Voyez Arch. préf.)

(1) Quelques horlogers peu nombreux, persécutés à Genève à cause de leur qualité d'étrangers, s'étaient retirés à Besançon; mais leurs produits étaient insignifiants.

auxquels il est possible de travailler; il demande une avance de quinze mille livres pour achat d'outils, l'exemption de la milice, etc. Il émet, en finissant, cette appréciation qu'on pourra peut-être contester, c'est que si des tentatives du genre de celles-ci avaient avorté en Allemagne, en Prusse, en Italie, en France même, ce résultat négatif était dû à l'obligation imposée à l'ouvrier de travailler pour un maître. Il convient, dit Mégevand, de laisser chaque artiste (1) libre de travailler pour qui bon lui semblera (2). »

Ce mémoire fut envoyé, le 18 juillet 1793, par le ministre Garat, à l'administration départementale du Doubs laquelle, dans sa séance du 8 août adopta les conclusions de Kilg (3) qui demandait dans son rapport :

1° Qu'on n'astreignît pas l'ouvrier à travailler pour un maître qui ne lui conviendrait point;

2° Qu'on lui permît d'entrer en franchise son mobilier et ses outils;

---

(1) Dans ce temps-là, le nom d'artiste n'était pas exclusivement réservé à ceux qui cultivent les beaux-arts, on le donnait encore à ceux qui cultivent les arts quels qu'ils soient, l'art dramatique, l'art vétérinaire, l'art industriel, etc., en sorte que nous voyons souvent dans les archives des districts cette dénomination appliquée sans arrière-pensée aux ouvriers d'horlogerie.

(2) Archives de la Préfecture ; carton xxxvii (District).

(3) Depuis sous-préfet à Baume-les-Dames.

9

3° Qu'on le logeât soit aux *Jacobins*, soit aux *Petits-Carmes*, soit aux Bénédictins (de St-Ferjeux), soit à Beaupré; mais qu'il n'était pas d'avis qu'on accordât des indemnités d'aucune espèce. »

Ce jour-là Mégevand, accompagné de quelques Suisses, se présentait à la séance. Ravier, un des administrateurs, lui dit qu'on s'était occupé de sa pétition, et qu'on avait considéré comme avantageuse et salutaire l'entreprise qu'il projetait, mais qu'il lui faudrait s'entendre, pour la mener à bien, avec Bassal, dont les pouvoirs étaient illimités (1).

A quelque temps de là, les représentants du peuple Bassal, et Bernard (de Saintes), en mission extraordinaire dans le département du Doubs, nommèrent une commission dont Briot (2) faisait partie, laquelle avait à rechercher si l'institution d'un établissement d'horlogerie était possible en France et à quelles conditions.

Les membres de cette commission se rendirent à la frontière, vers Morteau, afin d'étudier plus facilement la question qui leur était soumise et de s'entendre avec les patriotes des comtés de Neuchâtel et de Valengin sur les moyens qu'il con-

(1) Délibérat. de l'Administration départementale (Arch. préfectorales).

(2) Briot, libraire à Besançon, fut plus tard membre et secrétaire de l'Agence d'Horlogerie, puis membre de l'Assemblée législative, etc.; esprit actif, mais s'inspirant trop d'imagination.

viendrait d'employer pour favoriser l'immigration des artistes en Franche-Comté. C'est à la suite du travail de cette commission que Bassal et son collègue prirent leur arrêté du 21 brumaire an 2.

« Les représentants du peuple délégués par la
« Convention nationale pour les départements de
« la Côte-d'Or, du Doubs, du Jura, de la Haute-
« Saône, du Mont-Terrible et de l'Ain;

« Instruits que plus de quatre cents patriotes
« du Locle et de la Chaux-de-Fonds, tous connus
« par leur attachement à la Révolution française;
« presque tous associés, avant leur passage sur le
« territoire de la République, à toutes les sociétés
« populaires du Doubs; tous vexés et proscrits
« de leur famille par un gouvernement ennemi
« de l'égalité, ont cherché un asile dans la ville de
« Besançon, où ils se proposent d'exercer leur
« industrie et leurs talents dans l'horlogerie, d'une
« manière qui promet à la République les plus
« grands avantages pour cette nouvelle branche
« de commerce; que, néanmoins, pour que cet
« établissement puisse parvenir à sa perfection,
« il faut encore beaucoup d'autres ouvriers exercés
« dans plusieurs genres relatifs à cette fabrique;
« qu'un grand nombre de nos voisins, manquant
« de moyens de subsistance pour eux et leurs
« familles, n'attendent afin de se réunir à ceux
« qui sont déjà en France que le moment où la
« République leur accordera une protection hos-

« pitalière et mettra leurs familles en état de vivre
« jusqu'à ce que leur industrie et leur travail puis-
« sent les nourrir ;

« Considérant que cette nouvelle branche de
« commerce introduite dans la République doit
« payer amplement, même dans le cours de la
« présente année, les sacrifices que l'humanité
« commande en faveur des artistes qui abandon-
« nent leurs ateliers et leurs foyers pour se sous-
« traire à l'oppression, et pour transporter sur le
« sol français une source d'industrie aussi pré-
« cieuse; que cet établissement épargnerait à la
« Nation plus de cinquante millions sortant toutes
« les années de la France en échange des montres
« et produits que les étrangers y font passer; que
« ces établissements, souvent essayés par l'ancien
« régime, n'ont échoué que parce que les lenteurs
« et les obstacles inévitables pour former des ou-
« vriers ont entraîné des dépenses immenses; que
« l'établissement projeté promet, au contraire, un
« succès d'autant plus assuré qu'il ne s'agit que
« de transporter chez nous une fabrique déjà toute
« formée et qui fait la richesse d'une Principauté
« voisine, dont le tyran est en guerre avec la Ré-
« publique française, arrêtent ce qui suit :

« ARTICLE PREMIER. — Il sera alloué pendant un
« mois, à dater du jour de la sortie du Locle ou
« d'ailleurs, à chaque célibataire ou homme veuf.

« la somme de quatre livres par jour ; celle de trois
« livres par chaque père et mère, en outre de deux
« livres par chaque enfant au nombre de deux, et
« de trente sous pour chacun de ceux qui excède-
« ront ledit nombre. Les femmes exercées aux
« travaux de l'horlogerie jouiront de la même gra-
« tification.

Art. 2. — La République paiera tous les frais
« de transport pour les personnes, outils et effets
« des ouvriers qui passeront en exemption de droits
« avec les formalités d'usage.

« Art. 3. — Il sera fait une avance de cinq mille
« marcs d'argent en matière, ou l'équivalent en or
« pour la fabrication des boîtes et autres fourni-
« tures, etc., sans pouvoir être employés à d'autres
« usages, aux chefs de la manufacture qui sont les
« deux frères Mégevand et les citoyens Trot, père
« et fils, qui en seront coobligés, solidaires, et
« rendront, à l'expiration du terme, les mêmes
« quantités qu'ils auront reçues ; cette avance leur
« sera faite par la République sans aucun intérêt
« pour six ans, mais successivement et au fur et à
« mesure de leurs besoins vérifiés par la commis-
« sion établie à cet effet, sans qu'ils puissent exi-
« ger eux-mêmes aucun intérêt pour les matières
« d'or et d'argent provenant de cette avance, qu'ils
« fourniront aux ouvriers ; bien entendu qu'ils se-
« ront tenus de prendre en totalité la fabrication

« de ceux desdits ouvriers avec qui ils auront pris
« des engagements particuliers.

« Art. 4. — Sur l'excellente réputation dont
« jouissent les citoyens Mégevand et Trot ; on
« leur avancera d'abord deux mille marcs d'argent
« ou la valeur en or, et on continuera l'avance du
« surplus dans le cas où, comme on l'espère, les
« affaires des chefs de l'entreprise et l'état de la
« manufacture seront florissants.

« Art. 5. — Il sera permis aux citoyens Mégevand
« et Trot de tirer de l'étranger des matières d'or
« et d'argent contre du numéraire ou du lingot,
« valeur égale, d'après l'autorisation de la com-
« mission et moyennant les précautions convena-
« bles ; mais ils ne pourront, sous aucun prétexte,
« acheter des montres en Suisse, ni ailleurs hors
« de France.

« Art. 6. — On vendra la maison de Beaupré
« au citoyen Mégevand (aîné) d'après estimation
« faite par les experts. Le logement sera payé pen-
« dant six ans aux ouvriers, savoir : sur le pied de
« quarante livres aux célibataires ou pour deux
« personnes mariées sans enfants, et de soixante-
« douze livres pour les chefs de famille avec en-
« fants.

« Art. 7. — Les ouvriers de la manufacture se-

« ront soumis aux mêmes droits et obligations que
« tous les citoyens de la République, et néanmoins
« les jeunes gens de dix-huit à vingt-cinq ans ne
« seront pas soumis à la réquisition portée par la
« loi du 23 août dernier, ni à toute autre subsé-
« quente pendant deux ans.

« ART. 8. — Les secours, indemnités et loge-
« ments déterminés ci-dessus n'auront lieu qu'au-
« tant que le nombre des ouvriers sera suffisant
« pour établir une manufacture complète d'horlo-
« gerie, et ne seront accordés qu'à ceux qui seront
« rendus ici jusqu'au courant d'avril prochain.

« ART. 9. — Il sera formé par les représentants
« du peuple une commission administrative pour
« faire surveiller et prospérer ladite manufacture.

« ART. 10. — L'or employé pour la fabrication
« des montres ne pourra être au-dessous du titre
« de dix-huit carats, au remède d'un quart de ca-
« rat, et l'argent ne pourra être au-dessous de dix
« deniers, au remède d'un quart de denier.

« Fait en Commission, à Besançon, le vingt-
« unième jour de brumaire, l'an II de la République
« une et indivisible.

« Signé : Bassal et Prost. »

Cinq jours après, Bassal reçut du Comité du Salut public la confirmation de l'arrêté qu'il avait pris (1) ; et c'est le premier frimaire qu'il arrêta l'organisation provisoire du nouvel établissement (2).

Ainsi l'horlogerie prit naissance en Franche-Comté! Bientôt les artistes de Genève, de Neuchâtel et de la Chaux-de-Fonds surtout, invités par les pressantes sollicitations de leurs concitoyens fugitifs, alléchés d'ailleurs par les primes qu'on leur offrait, affluèrent dans Besançon. On en comptait plus d'un mille six mois après la promulgation des arrêtés de brumaire.

Bassal, à qui la fabrique bisontine est redevable des statuts organiques qui l'ont fondée, et des encouragements qui l'ont soutenue dans le principe, institua une commission, ou plutôt il prorogea et agrandit les pouvoirs de celle que nous avons mentionnée précédemment, laquelle était composée de membres pris dans chacune des autorités administratives (municipale et départementale). Cette commission provisoire avait pour but de répartir à chaque émigrant nouveau venu le chiffre des indemnités auxquelles il avait droit, de régler le prix des loyers, de surveiller, en un mot, le bon emploi des sommes que le gouvernement mettait à la dis-

1) Voyez Pièce nº 1.
2) Voyez Pièce nº 2.

position de l'industrie naissante (1) ; elle devait, en outre, surveiller les artistes, recevoir leurs doléances et les transmettre à la Convention (Commission d'Agriculture et des Arts). Quatre artistes adjoints à cette Commission, lui fournissaient les renseignement qu'elle demandait, et formaient, en quelque sorte, un comité de prud'hommie.

Nous verrons cette Commission, qui fut plus tard l'Agence de l'Horlogerie nationale, prendre chaudement à cœur les intérêts qu'elle avait mission de défendre ; et il ne fallait pas moins que le zèle, que l'enthousiasme tout industriel de ses membres pour empêcher la manufacture de mourir prématurément, par suite de la difficulté des temps et de l'aveugle persécution des partis.

Bassal avait offert à Mégevand, comme demeure, la maison de Beaupré (2), devenue propriété nationale. C'est là que Mégevand, le Genevois, l'homme de la création horlogère, comme l'appelle Briot dans son mémoire, s'installa dans l'automne de 1793. Comme ce personnage possédait en Suisse une certaine influence dont j'ignore la

(1) Il avait été versé à la caisse du payeur-général du Doubs une somme de 150,000 fr. affectée spécialement aux besoins de l'établissement d'Horlogerie.

(2) Cette maison, située entre Roche et Thize, est abritée de nord par une colline et prend jour au sud et à l'est sur cette admirable plaine de Chalèze, semée d'ormes et de peupliers.

source, il eut bien vite peuplé d'ouvriers sa pittoresque solitude. En effet, quelques mois après son installation, il comptait cent trente travailleurs à ses ateliers et pouvait, dit-on, livrer quarante douzaines de mouvements bruts par décade (1). Il s'était adjoint, pour donner à son établissement plus de force et de crédit, son frère et Trot, Genevois comme lui.

Voilà donc une vaste maison de commerce d'horlogerie fondée à Besançon ! Elle a, dans l'Etat, un bailleur de fonds qui la protége ; dans la Commission instituée par Bassal, un conseil de surveillance qui règle ses comptes ; et, dans les trois associés, des négociants éclairés et entreprenants qui la dirigent. Mais que peuvent les combinaisons les mieux faites, les prévisions les mieux établies, en face de l'action toute puissante des événements ? La maison Trot et Cie succombera, Auzières et Mandrillon feront faillite ; mais ces hardis aventuriers auront jeté sur la place une centaine de familles laborieuses et modestes, qui spéculeront avec réserve, qui fonderont sans bruit la réputation industrielle de la cité et qui viendront confirmer une fois de plus cette éternelle vérité : rien de précipité n'est durable.

(1) Aujourd'hui les ébauches sont fabriquées par de puissantes machines dans les établissements de Beaucourt (Haut-Rhin) et de Seloncourt (Doubs).

J'ai dû pourtant parler de cette peuplade de Beaupré, bien qu'elle ne fût qu'une fraction de la colonie suisse, parce qu'on avait fondé sur elle tout l'espoir de la manufacture et qu'on a considéré sa chute comme devant entraîner la chute définitive de l'horlogerie franc-comtoise. J'en reparlerai dans la suite encore, parce que ce fut contre elle ou en sa faveur que les ennemis et les partisans de la nouvelle industrie bataillèrent le plus; mais je le ferai sans partialité ni fiel, car les noms de Trot et Mégevand n'ont déjà plus l'actualité qui passionne.

Première Agence.

(Du 13 prairial an II au 24 prairial an III.)

Le nouvel établissement fonctionna dans les premiers temps à la grande satisfaction de la Commission administrative. Le nombre des émigrants augmentait de jour en jour; en mars 1794 on ne comptait pas moins de quatre-vingt-quinze monteurs de boîtes à Besançon, et l'on pensait pouvoir établir, sans exagération, près de mille montres par décade. La fabrique bisontine espérait donc éclipser bientôt les fabriques mères de la principauté de Neuchâtel, et faire taire, par cette inouïe prospérité, les attaques malveillantes auxquelles elle était en butte.

Il est de fait que, dès son origine, notre manufacture eut à se défendre d'accusations graves, accusations qui entravèrent certainement ses progrès. La population indigène avait accueilli avec des préventions défavorables ces étrangers qu'on implantait au milieu d'elle. Foncièrement catholique, malgré le silence des cultes, elle voyait de mauvais œil cette nuée de huguenots s'abattre sur la

province avec leurs sentiments et leur industrie.
Que pouvait amener de bon, je vous le demande,
ce froissement inévitable et continuel des croyances?
et de quel bien pouvaient nous gratifier ces artistes
indigents, arrivés, la plupart, dans un dénûment
complet de toutes choses? On les accusait donc
tout haut d'être venus, non pour nous enrichir,
mais pour nous dévorer, mais pour consommer
nos dernières ressources; on les accusait d'acca-
parer l'argent sous prétexte d'en faire des montres
et d'ensuite l'exporter dans leur pays (1). Et qui
sait, disait-on, si l'introduction parmi nous de ces
aventuriers, que nous armons comme des citoyens
pour la garde de la cité, ne constitue pas une invasion déguisée et si un jour ils n'ouvriront pas à
l'étranger les portes de la France (2).

La Commission répondit à ces imputations ca-
lomnieuses dans sa délibération motivée du 8 germinal an II. Elle envoya cette délibération sous
forme de mémoire au Comité de Salut public, tout
à la fois pour servir de justification aux artistes et
pour combattre le projet qu'on avait conçu de

---

(1) On fit grand bruit dans le temps d'un émissaire de
Mégevand, nommé Péter, arrêté à la frontière, lequel Péter
avait déclaré exporter en Suisse cent louis pour achat d'outils
indispensables à l'établissement, et qui fut trouvé porteur
d'une somme double de celle qu'il avait déclarée.

(2) Voyez Journal de l'Agence, Arch. de la Préfecture.

transférer à Versailles la manufacture d'horlogerie.

En effet, les dénonciations dont les Suisses
étaient l'objet, avaient été, jusqu'à un certain point,
accueillies par le gouvernement de 93, soupçon-
neux et toujours disposé à attribuer aux trahisons
les embarras dans lesquels il se trouvait. Il était
donc question d'interner, loin des frontières, ces
suspects, pour les mettre dans l'impossibilité de
s'entendre avec les ennemis de la patrie et de
transporter loin du territoire français les richesses
de la Nation. « Mais, objectaient les auteurs du
mémoire, un pareil projet n'est pas possible; les
ouvriers s'y refusent formellement; s'ils ont accepté
l'exil, ce n'est qu'en raison de la proximité du lieu
et de la connaissance qu'ils en avaient. »

Le 24 prairial, la Commission reçut avis, par
une lettre du représentant Bassal que le Comité
de Salut public avait mis à néant les rapports de
la calomnie; qu'il avait, par deux arrêtés dont
nous donnons plus bas les principales dispositions,
prolongé pour six mois les indemnités offertes
aux artistes étrangers et augmenté même d'un
tiers celles qui seraient accordées aux ouvriers de
la Chaux-de-Fonds. La Chaux-de-Fonds avait été
presque détruite par un épouvantable incendie et
le Comité de Salut public n'agissait de la sorte que
pour en attirer les habitants dans Besançon.

22

Du 13e jour de prairial de l'an IIe de la République
française une et indivisible.

« Le Comité de Salut public, après avoir entendu
« la Commission d'Agriculture et des Arts sur
« l'organisation à donner à la fabrique d'horlo-
« gerie établie dans le département du Doubs,
« arrête :

« ART. 1. — L'établissement d'horlogerie, formé
« dans le département du Doubs, portera la déno-
« mination d'*Horlogerie nationale*. Ceux qui ten-
« teraient d'en arrêter les progrès ou d'en amener
« la décadence doivent être poursuivis comme
« malveillants et émissaires de l'étranger.

« ART. 2. — Les artistes nés en pays étranger,
« actuellement occupés à l'Horlogerie nationale,
« ceux qui par la suite viendraient s'y réunir, doi-
« vent jouir des mêmes droits et être soumis aux
« mêmes obligations que les citoyens français ;
« néanmoins, ceux de leurs enfants mâles qui à
« raison de leur âge pourraient être soumis aux
« réquisitions militaires, demeureront à leurs ate-
« liers, étant spécialement requis à cet effet par le
« présent arrêté.

« ART. 3 et suivants, etc....

« ART. 6. — La Commission administrative, éta-

« blic le 1ᵉʳ frimaire par le représentant Bassal,
« sera remplacée par une Agence de cinq membres
« avec un secrétaire. Ces cinq membres et le se-
« crétaire seront nommés par le Comité de Salut
« public, sur la présentation de la Commission
« d'Agriculture et des Arts.

« Art. 7. — Les fonctions de cette Agence seront
« de prendre des renseignements exacts sur la
« moralité, profession et domicile antérieurs des
« artistes étrangers qui se présenteront pour être
« admis dans l'Horlogerie nationale ; de tenir re-
« gistre de toutes ces circonstances, et des noms,
« surnoms, âge, sexe et nombre des individus de
« chaque famille d'artiste et ouvrier ; de veiller à
« l'exécution et à la bonne police de l'essayage et
« poinçonnage des matières d'or et d'argent ; de
« correspondre sur tout ce qui est relatif à cette
« manufacture avec la Commission d'Agriculture
« et des Arts, d'exécuter les ordres de cette Com-
« mission pour la distribution des primes, indem-
« nités et avances accordées aux artistes.

« Art. 8 et suivant.....

« Art. 10. — Les appointements des mem-
« bres de l'Agence seront de huit cents livres ;
« ceux du secrétaire seront de quinze cents livres.

« Art. 11. — Le secrétariat de cette Agence sera

« ouvert tous les jours, et outre les séances extra-
« ordinaires qui seront nécessitées par les circons-
« tances, il y aura assemblée régulièrement tous
« les quartidi et les nonidi.

« ART. 12.....

« ART. 13. — Il y aura un essayeur chargé d'es-
« sayer les matières brutes d'or et d'argent avant
« qu'elles soient livrées aux ouvriers qui doivent
« les mettre en œuvre. Le même essayeur vérifiera
« les boîtes d'or et d'argent ; s'il les trouve de bon
« titre, il appliquera sur le bouton du pendant un
« poinçon dont l'empreinte représentera un fais-
« ceau surmonté d'une hache, ayant à gauche une
« F, et de l'autre côté une S (Fidélité, Sûreté).

« L'essayeur tiendra un registre en règle, coté et
« paraphé page par page, signé à la première et
« dernière par un officier municipal du lieu de la
« résidence de l'essayeur. Ce registre contiendra :
« le nom du citoyen qui aura apporté la matière à
« l'essai ; la désignation de l'espèce de matière, de
« sa forme, de son poids, et l'énonciation de son
« titre.

« ART. 14. — Pour constater qu'une montre a
« été fabriquée à l'Horlogerie nationale, il sera
« établi un poinçon dont l'empreinte sera un fais-
« ceau surmonté d'une hache ayant à gauche une

« F et de l'autre une N avec un B au-dessous (Fa-
« brique nationale de Besançon).

« ART. 15. — Le poinçon établi en l'article précé-
« dent sera appliqué par un contrôleur qui tiendra
« un registre exact et revêtu des mêmes formes
« que celui de l'essayeur. Ce registre sera tenu
« par ordre numérique et contiendra : la mar-
« que du faiseur de boîtes, son numéro particulier,
« la date de la présentation de la montre au con-
« trôle ; la désignation de la matrice de la boîte :
« sa forme ; l'espèce de la montre, si elle est sim-
« ple, à répétition, etc., et la mention du poinçon-
« nage de l'essayeur.

« ART. 16 et suivants.....

« ART. 20. — L'essayeur et le contrôleur seront
« nommés comme les membres de l'Agence ; leur
« traitement sera de deux mille livres ; ils réside-
« ront à Besançon.

« ART. 21 et suivants, etc. ...

> « Signé : LINDET ; CARNOT ; COUTHON ;
> « ROBESPIERRE, PRIEUR ; BARRÈRE :
> « COLLOT - D'HERBOIS ; BILLAUD-
> « VARENNES »

Du 16ᵉ jour de prairial de l'an II de la République
française une et indivisible.

« Le Comité de Salut public, etc. arrête ce qui
« suit :

« ARTICLE PREMIER. — L'indemnité accordée par
« l'arrêté du 21 brumaire du représentant du peu-
« ple Bassal, aux horlogers nés en pays étranger,
« qui viendront en France pour s'attacher à l'Hor-
« logerie nationale établie dans les départements
« du Doubs et du Jura, continuera d'être payée à
« tous ceux qui arriveront avant le 1ᵉʳ brumaire
« prochain ; ils jouiront des mêmes avantages et
« des mêmes exemptions pour le transport de leurs
« personnes, effets et outils, et pour leur loge-
« ment.

« ART. 2. — Les artistes qui ont souffert de l'in-
« cendie de la Chaux-de-Fonds recevront une in-
« demnité d'un tiers plus forte que les autres.

« ART. 3 et suivants, etc. »

(Suivent les signatures.)

Ainsi les accusations mal fondées qu'on avait
portées contre la manufacture n'avaient abouti
qu'à en faire reconnaître hautement l'utilité publique.

L'Agence se tait pendant quelque temps sur les

tracas qu'on ne cessait de susciter aux artistes : il
est à présumer que l'article premier de l'arrêté de
prairial (1) avait un peu tempéré la malveillance
des citoyens à leur égard, et je suppose que ce
calme passager fut dû plutôt à la crainte qu'inspi-
rait le Salut public, qu'à une appréciation plus
avantageuse de la colonie par les Bisontins. Mais
c'est une supposition.

Quoi qu'il en soit, cet état de choses ne pouvait
durer bien longtemps ; il y avait, comme nous
l'avons dit, une certaine répulsion entre l'élément
helvético-industriel et l'élément franc-comtois ;
entre cet artisan un peu bohème et d'humeur vive,
et cet indigène à la vie calme et routinière.

L'horlogerie cependant cherchait à se popula-
riser dans la province. Elle recrutait bien par ci
par là quelques apprentis ; malheureusement, elle
n'en recrutait pas autant qu'il l'aurait fallu ; et
d'ailleurs, ces élèves étaient de continuels sujets
de plainte de la part des maîtres ; il est donc à
croire qu'on ne confiait pas aux artistes l'élite de
la jeunesse. Trot comptait déjà une vingtaine d'apprentis dans la colonie de Beaupré.

Mais que pouvaient ces quelques apprentissages
pour opérer un rapprochement qui n'existe pas
même encore, à l'heure qu'il est, après un demi-
siècle et plus d'une vie juxta-posée ! Et, certes, ces

(1) Voyez page 22 de cet historique.

sentiments d'antipathie n'existaient pas seulement dans la masse, ils existaient aussi bien dans les hautes classes de la société de ce temps-là. Un jour Trot et Cie avaient reçu de Bordeaux, pour l'approvisionnement de leur peuplade quelques quintaux de sucre brut ou cassonade au lieu du sucre raffiné qu'ils avaient demandé. Craignant que cette marchandise, qu'on ne savait où loger, ne s'avariât pendant les chaleurs, Trot la fit vendre à des marchands qui la lui demandaient. Ceci, paraît-il, constituait un délit de commerce illégal: aussi le Juge de paix du district vint-il inopinément arrêter Trot au sein de sa colonie, et aucune considération politique, commerciale ou autre ne put le faire mettre en liberté. Trot, qui connaissait l'esprit dont la magistrature bisontine était animée à son endroit, s'empressa de récuser la juridiction du Tribunal criminel du Doubs, pour se soumettre à celle du Tribunal criminel du Jura. Mieux vaut, pensait-il, un ennemi possible qu'un ennemi certain.

L'Agence, dans sa lettre du 9 thermidor, se plaint de ces persécutions systématiques. Assurément ces persécutions là n'auraient pas pu, en temps ordinaire, faire tomber une fabrique entourée, comme la nôtre, de tous les éléments de succès désirables. Mais, dans les circonstances critiques où elle se trouvait, si l'on a égard à la difficulté des temps, à la suspension des affaires, à l'impossibilité des transactions commerciales, on comprendra que tout ce qu'elle pouvait faire c'était de ne se décourager point. Or, tout ce qui tendait à la décourager, tendait, par conséquent, à la détruire, et le système des tracasseries allait admirablement à ce but.

Pourquoi ce but n'a-t-il pas été atteint? Est-ce que les artistes suisses ont eu foi dans l'avenir de notre Horlogerie nationale? Nullement; mais, comme l'a dit Mégevand, ils avaient brûlé leurs vaisseaux; ils avaient en quelque sorte abdiqué leurs droits de citoyens de la Suisse ou de la Prusse, et ils n'osaient plus les revendiquer, les uns parce qu'ils étaient gens de cœur, et que, par dignité, ils supportaient sans se plaindre les douleurs cuisantes de l'exil; les autres, et c'est peut-être le plus grand nombre, parce qu'ils étaient gens tarés et de rebut, qu'on eût certainement mal accueillis dans leur canton. De sorte que, contre toute vraisemblance, l'industrie horlogère a poursuivi dans Besançon sa marche lente et progressive, malgré les orages qui l'ont assaillie de tous côtés.

Le 7 fructidor, an II, le Comité de Salut public prit un nouvel arrêté dans le but de renforcer l'Horlogerie nationale, mais qui, en réalité, l'affaiblit. Par cet arrêté, le Comité de Salut public applique à l'horlogerie dite *automatique* (1) les

______

(1) L'horlogerie automatique désignait celle qui s'occupait

dispositions déjà prises par les précédents arrêtés concernant l'horlogerie dite *finie*; il autorise la Commission des arts à faire distribuer, comme avances soixante mille livres franches d'intérêts aux citoyens Lemaire et Auzières; il ordonne qu'une maison nationale leur soit louée gratuitement pour cultiver cette nouvelle branche d'industrie.

Ainsi, au lieu de favoriser l'établissement tel qu'il était, au lieu de le pousser activement dans la voie commencée, c'est-à-dire dans l'exploitation de l'horlogerie dite *finie*, que nous avait apportée la colonie suisse, on chercha à le jeter dans une nouvelle direction; on doubla sa tâche sans doubler ses forces. De sorte que, au lieu d'avoir une fabrique de produits spéciaux, comme on voulut avoir plus, la réputation de Besançon en souffrit et l'on faillit tout perdre, en vertu de ce vieil adage : *qui trop embrasse mal étreint.*

Au reste, cette nouvelle branche d'horlogerie ne put tenir à Besançon, et les frais qu'on fit pour

des montres à musique, à personnages, etc., plus compliquées que ne le sont les montres ordinaires.

Si la République avait entrepris d'attirer par des indemnités, sur son territoire, toutes les industries alors en souffrance chez les nations voisines, elle aurait eu fort à faire. Après Auzières , c'est Abram Kecker, le pendulier, c'est Sandoz, l'émailleur, qui demandent (An III) des avances pour établir en Comté une fabrique de pendules d'art.

elle furent dépensés en pure perte. Boissy d'Anglas dans son rapport, lu à l'Assemblée nationale, le 7 messidor, c'est-à-dire dix mois après l'arrêté du Salut public, propose la translation à Versailles de l'horlogerie dite *automatique* et demande, pour Lemaire et Glaësner, fondateurs de ce nouvel établissement, tous les avantages, indemnités et avances que Lemaire et Auzières avaient eus.

Pour se conformer à l'arrêté du 7 fructidor, an II, et sur le refus qu'avait fait Auzières d'établir ses ateliers dans le vieil Archevêché, les Administrateurs du département lui concédèrent la maison des Bénédictins. Elle servait alors de magasin à fourrages et le Commissaire ordonnateur de la 6ᵉ division militaire Lyautey, se souciait peu de céder la place aux horlogers. « Je ne « crois pas, écrivait-il aux Administrateurs, qu'un « établissement de luxe en doivent chasser un « autre de première nécessité, comme est le nôtre. « Revenez, je vous prie, de votre arrêté, et laissez « nos foins, nos pailles et nos avoines où ils « sont, etc. » Mais il fallait bien loger quelque part ces nouveaux venus et force fut au Commissaire Lyautey de faire déménager ses fourrages.

Lyautey, paraît-il, ne croyait pas servir la chose publique en se rendant utile à nos artistes. Mégevand, ayant acheté à Braillans une provision de bois pour sa peuplade de Beaupré, avait prié l'Agent national du district de lui fournir, pour le transport de ce bois, destiné à chauffer des ateliers nationaux, quelques chevaux d'artillerie, dont il savait un certain nombre disponible. A la communication de cette demande, Lyautey répondit : « Mégevand se trompe lourdement s'il croit, etc... « il ne faut pas qu'il compte sur nous; nos che- « vaux sont malades, et je pense que tu n'as d'autre « moyen de faciliter le transport du bois destiné « à chauffer l'atelier d'horlogerie qu'en disposant « de toutes réquisitions. J'aime bien, quand on ne « connaît pas la situation d'un service, qu'on se « mêle d'en parler! Que chacun se mêle de sa « besogne et tout ira. » (23 brumaire, an III).

Beaucoup de ces colons suisses, je le confesse, étaient outrecuidants et rapaces ; à défaut des primes qu'on leur avait livrées, des avances qu'on leur avait fournies et des indemnités qu'on leur payait, leur qualité de citoyens adoptifs aurait dû leur imposer une certaine réserve. Il n'en était rien; ils se plaignaient sans cesse au gouvernement des prétendues vexations qu'ils enduraient, du peu d'égards qu'ils obtenaient. Le dépouillement du journal de leur Agence est vraiment triste à faire : on croirait, en lisant les lettres de cette Agence à la Convention, lire la correspondance d'un mandataire rusé qui cherche à exploiter son bailleur de fonds, par les promesses qu'il lui donne de centupler son profit. A entendre Briot et ses collègues, on ne pouvait acheter trop cher ces désertions d'artisans faméliques qui nous apportaient la fortune dans leurs manteaux troués. Comment! Mégevand ne pouvait pas même payer le transport de ses provisions d'hiver? Mais, c'était donc bien sérieusement qu'il demandait à la République, dans son mémoire « de lui rendre la vie si belle, qu'il faudrait ne rien lui laisser regretter de son passé (1)? »

On conçoit que ces récriminations continuelles aient dû indisposer d'avantage les administrations locales contre la fabrique.

Le 9 vendémiaire an III, le Comité de Salut public écrivait à l'Agent du district : « .... Malgré « cette faveur accordée par la loi à l'industrie, les « artistes voient leur fabrique d'Horlogerie en- « tourée d'obstacles et de tracasseries qu'ils ne « devraient pas éprouver. Ils se plaignent que l'in- « trigue et la malveillance cherchent à renverser « l'établissement qu'ils ont formé; que la calomnie « s'efforce de décourager des étrangers qui ont « rapporté parmi nous des arts utiles, etc. » A ces lettres du Salut public, le district n'avait rien à répondre. Que pouvait-il enfin dans ce temps de malheur où la disette et la guerre s'unissaient pour abîmer les citoyens? Et si des étrangers fourvoyés et la plupart imprévoyants souffraient de la misère universelle contre laquelle ils n'avaient pas su se

____

(1) Voy. Arch. préf., cart. cit.

prémunir en des jours meilleurs, qu'en pouvaient le district et la municipalité?

Cependant l'établissement d'Horlogerie de Besançon avait pris une certaine extension ; bien que, à partir du 1er brumaire, on eût cessé d'y attirer l'émigration par des indemnités et des primes, près de trois cents ouvriers étaient arrivés de Suisse depuis cette époque. On avait établi en l'an II, 5,734 montres pendant dix mois, tandis qu'en l'an III, à chaque décade, on en poinçonnait cinq cents.

Est-ce l'évidente prospérité de la fabrique bisontine qui a tiré le district de son indifférence? ou bien le Comité de Salut public a-t-il, par ses lettres, modifié les sentiments de nos administrateurs à l'égard des Suisses? Cela est peu probable ; toujours est-il qu'à la date du 5 nivose an III, le district écrivit à l'Agence pour la première fois dans le but d'obtenir le dénombrement des familles horlogères suisses ou autres établies à Besançon ou dans la banlieue. « L'éclaircissement que nous vous de- « mandons (Lettre du district à l'Agence d'Horlo - « logerie nationale) doit servir à nous démontrer « l'utilité de cet établissement (d'horlogerie), et à « lui procurer des secours dont nous retirerons un « avantage commun (1). »

Lui démontrer l'utilité de cet établissement !

(1) Voy. Arch. préf., cart. cit.

Comment le district l'entendait-il ? Cette démonstration n'était donc pas faite? Que nous reconnaissons bien à cet aveu la défiance invétérée, le scepticisme du Franc-Comtois! Le 11 nivose, comme l'Agence n'avait pas encore répondu, le district, avide de savoir, écrivait de nouveau pour obtenir les renseignements demandés. «..... Cette demande « devait vous prouver notre sollicitude, » ajoutait-il comme pour faire les premières avances.

Briot répondit : « L'Agence ne se rassemblant « que les quartidi et nonidi (1) de chaque décade, « je n'ai pu mettre sous ses yeux que le 9 nivose « la lettre que vous lui aviez écrite à la date du « 5, etc. » L'Agence, en envoyant le dénombrement demandé, exprime sa satisfaction de voir cette sollicitude du district; « elle y répondra en « coopérant, etc. (2) »

Mais cette sollicitude si pressante des officiers du district, comme la suite nous le montrera, n'était qu'apparente et ne dura guère. Ce qui avait motivé leur demande, c'était probablement l'arrivée très-prochaine du représentant Calès à Besançon, et la crainte qu'il ne vît trop leur indifférence, pour ne pas dire plus, à l'égard du nouvel établissement. Calès, en effet, arrivait à Besançon

(1) Voy. Arrêté du 15 prairial.
(2) Lettres de l'Agence, 9 nivose an III. (Arch. préf., cart. cit.)

quelques jours après avec des pleins pouvoirs pour y encourager la manufacture. Son séjour y fut de courte durée. Par ses arrêtés du 25 nivose an III, il prolongea jusqu'au 1ᵉʳ vendémiaire suivant les indemnités accordées aux émigrants; il accorda aux artistes pour leur approvisionnement de blé un prêt de 125,000 livres (1) en assignats: il décida qu'un local serait spécialement affecté à l'Agence de l'Horlogerie nationale, et désigna pour cet usage la demeure du ci-devant vicomte Mayeur ou comme l'appelle le district, la maison Lauragais (2).

Comme on voit, la sollicitude du district pour les artistes et leurs agents coïncidait d'une façon bien remarquable avec l'apparition d'un proconsul dans le Comté. Cette sollicitude, née subitement le 5 nivose, n'existait déjà plus le 25 du même mois: l'affaire de la Vicomté en est la preuve. Quand il fut question de céder le local que Calès avait assigné aux Agents, le district tergiversa; il

---

(1) Il ne faut pas, en compulsant les papiers qui concernent l'Horlogerie, prendre à la lettre ces fortes allocations. Par exemple, on avait accordé aux citoyens Pillot et Binet, auteurs d'un plan pour la construction d'un moulin à lavure, 10,000 livres (27 brumaire), lesquels auraient valu dans le moment même 99 fr. en numéraire. Or, ces 10,000 livres ont donné, dix mois après, 755 fr. 8 s. 6 den. en bons du Trésor (valeur fixe), lesquels mandats ou bons du Trésor équivalaient à 27 livres mételliques.

(2) Voy. Arrêté du 25 niv. an III. (Arch. préf., cart. cit.)

répondit que la maison Lauragais avait besoin de quelques réparations. L'Agence se paya de cette excuse pendant un mois. Puis, plus tard, on eut besoin d'y entreposer un fonctionnaire de la Municipalité pour quelques jours: pendant deux décades, l'Agence patienta. Mais, comme le susdit fonctionnaire avait rempli cette demeure d'anciens titres et d'archives municipales, il ne fallait pas moins d'un mois encore pour opérer son déménagement. A la fin, l'Agence, impatientée, somma l'Administration d'avoir, conformément à l'arrêté de Calès, à lui remettre la ci-devant Vicomté. C'est alors que le district, procédant avec une sage lenteur, nomma, par son arrêté du 11 germinal, un Commissaire enquêteur, chargé d'examiner l'état des lieux et de voir la place qu'il faudrait à l'Agence. De guerre lasse, celle-ci y fut installée le 1er floréal de l'an II.

C'est vingt-trois jours après tout ceci qu'à l'occasion d'une contestation survenue entre Auzières et le district, relativement au clos des Bénédictins, le Comité de Salut public prit l'arrêté suivant: « ..

Art. 9. Il est fait défense à aucun corps administratif d'entraver les dits travaux (l'horlogerie) « en s'en mêlant directement ni indirectement. »

Il ne fallait pas moins qu'un arrêté formel du Salut public pour contraindre le Département à livrer le magnifique jardin des Bénédictins à la famille Auzières !

Comme on peut le voir, l'Horlogerie officielle, que j'appelle ainsi par opposition à celle qui tendait de jour en jour à s'émanciper de l'action du gouvernement, cette horlogerie était de plus en plus complètement en défaveur à Besançon. On aurait dû avoir égard à la périlleuse situation d'un commerce éprouvé par la difficulté des affaires, à la ruine imminente d'une fabrique dont la réputation n'était pas créée, à la position d'artisans pauvres, et qui traversaient, dénués de tout, la crise alimentaire sans pouvoir en rien compter sur l'aide sympathique des gens du pays. On aurait dû envisager tout cela et relever, sinon par des subsides, au moins par des encouragements, cette manufacture en souffrance. Il n'en fut rien; les Suisses, par leurs exigences et leur légèreté, s'étaient aliéné l'esprit d'une cité qui était déjà d'ancienne date assez mal disposée à leur endroit; ils affectaient des allures extravagantes en politique comme en religion dans un pays sensé et où les opinions extrêmes ne sont guère de mise (1); ils prétendaient enrichir la France par leur industrie et ils demandaient à la Municipalité des billets pour obtenir le pain des Sections. On allait donc jusqu'à contester l'utilité de leur art et on considérait comme un leurre les pompeuses annonces qu'ils faisaient; on les accusait de dépenser, sans profit

____

(1) Voy. Pièces justificatives nᵒˢ 3 et 4.

pour la Nation, les deniers publics, de les exporter en contrebande et de faire venir du dehors des mouvements qu'ensuite ils revendaient comme provenant de leur fabrique (1).

Toutes ces accusations étaient dirigées contre l'établissement dont l'État avait eu en quelque sorte la tutelle, et, sans doute, elles l'auraient fait tomber prématurément n'était la sollicitude dont quelques hommes l'honoraient. On continua d'accorder des indemnités aux ouvriers de l'étranger; on encouragea les filles à se jeter dans cette industrie, en leur délivrant cinq cents livres à la présentation du chef-d'œuvre examiné par trois experts, outre cent livres de prime; plus tard encore, après messidor (2), on admit, aux frais de la République, des élèves entretenus dans les ateliers, et l'on vit bientôt les apprentis affluer dans nos murs. C'est ainsi, qu'à la longue, on naturalisa l'horlogerie en Franche-Comté. On la favorisa plus certainement en y attirant la jeunesse du pays qu'en essayant de soutenir, par de nouveaux sacrifices, l'établissement subventionné qui croulait.

(1) Il fut démontré plus tard que, pour régulariser la vente des produits de l'étranger passés en contrebande, des artistes faisaient poinçonner, au détriment de la Fabrique nationale, des boîtes qui leur étaient envoyées finies de Suisse et qu'ils déclaraient provenir de leurs ateliers.

(2) Rapport de Boissy-d'Anglas.

Nous verrons, peu à peu, l'Horlogerie officielle perdre pied et disparaître malgré les avantages dont elle a joui, tandis que l'horlogerie libre, abandonnée à elle-même, s'établira d'une façon lente et inaperçue. Déjà quelques artistes, dont les noms sont honorablement connus et portés dans Besançon, avaient compris qu'ils travaillaient dans des conditions exceptionnelles et blessantes, et demandaient, à la date du 6 floréal, an III, qu'on supprimât l'Agence, en se fondant sur ce que ces chefs particuliers isolaient la colonie; ils ne voulaient, disaient-ils, pour chefs, que les chefs des autres citoyens (1).

L'Agence de l'Horlogerie nationale fut forcément renouvelée, par suite de l'arrestation de Chazeraud, Robert et Briot, le 24 prairial, an III. Disons en deux mots que cette Agence, dont l'administration fut si agitée, si laborieuse et, en définitive, si féconde, soutint vaillamment et mena à bien l'œuvre que, de concert avec Bassal, elle avait contribué à fonder. Elle fit tous ses efforts pour maintenir l'intégrité de la fabrique et la rendre ensuite plus florissante, soit en réclamant les secours pécuniaires et l'appui moral du gouvernement, soit en encourageant les artistes dont le zèle faiblissait, soit enfin en luttant contre la malveillance et les calomnies des ennemis de la nouvelle

(1) Arch. départ., district canton 57.

industrie. Si l'établissement était en lui-même bon et utile, l'Agence eût raison d'appuyer ceux qui le formaient; car, en définitive, dans le principe, la manufacture de Besançon se personnifiait dans dans quelques Suisses qu'il fallait défendre quand même. Briot, dans son mémoire, s'explique clairement à cet égard: il reproche aux autorités locales d'avoir poursuivi, par une opposition constante et aveugle, le destruction de l'horlogerie en Franche-Comté, en persécutant des ouvriers pour des questions politiques étrangères à la manufacture et de n'avoir pas compris qu'en agissant de la sorte elles compromettaient l'avenir de l'établissement.

Deuxième Agence.

(Du 14 messidor an III au 15 Floréal an IV.)

La nouvelle Agence fut installée dans la ci-devant Vicomté, le 14 messidor an III. Elle établit tout naturellement le bilan de la situation horlogère ; elle constate, ce que nous savons déjà, du reste, qu'on n'était pas encore accoutumé dans Besançon à tous ces Suisses qui s'y étaient fixés et qu'on se livrait à leur égard à bien des appréciations injustes ; qu'ainsi les pauvres les considéraient comme les auteurs de la disette, etc. « Avec « le temps, disait-elle, ces préventions devaient « disparaître (1). »

Au surplus, cet état des esprits affectait peu la fabrique en elle-même ; on avait établi, en l'an II, 5734 montres, on espérait en l'an III tripler ce chiffre. L'état décadaire des boîtes poinçonnées attestait donc que la fabrique bisontine n'était pas en décadence. Et si l'on observe qu'à cette époque l'industrie n'avait ni l'essor, ni les débouchés qu'elle a trouvés depuis, il paraîtra prodigieux qu'un établissement à ses débuts ait pu fabriquer

______

(1) Arch. départ., cart. cit.

seize mille montres dans une année. Pour arriver à ce résultat, nous n'avions dépensé que 450,000 livres (1).

Mais ce développement progressif ne se maintint pas; d'abord la fabrication sembla languir, puis elle perdit de mois en mois, ainsi qu'en fait foi le nombre décroissant des poinçonnements. L'Agence chercha vainement à se dissimuler cette défaillance à laquelle elle sentait n'être pas complétement étrangère; la défaillance était évidente.

Elle se plaignit alors amèrement de l'inconduite des artistes, poussés au mal par les inspirations des agitateurs. « Il faudra, tôt ou tard, écrivait-elle à « la Convention, le 14 vendémiaire an IV, en venir « à une épuration. » En attendant une mesure générale, elle en proposa une particulière, contre certains individus. « C'est à regret, disait-elle en « finissant, que nous nous voyons forcés d'exprimer « une opinion aussi défavorable aux artistes; mais, « ceux qui les flagornent sont leurs seuls enne- « mis (2). »

La nouvelle Agence, pour une raison ou pour une autre, ne possédait pas la confiance des ar-

(1) Il ne faut pas perdre de vue que ces sommes n'expriment pas une valeur réelle, mais une valeur en bons du Trésor, lesquels perdaient beaucoup à l'étranger. Voy. Note page 26 v.)

(2) Voy. Journal de l'Agence. (Arch. préf.)

tistes, qui regrettaient généralement l'ancienne, et, à la vérité, l'ancienne était d'avantage animée du feu sacré ; elle s'était dévouée à la Fabrique nationale comme à son œuvre ; elle était occupée sans relâche à la défendre et à l'agrandir. La nouvelle, au contraire, soit qu'elle manquât de foi dans l'avenir industriel de l'établissement, soit qu'elle eût conscience de son impopularité, remplissait mollement son mandat d'intermédiaire entre la manufacture et l'État. Que dis-je ? Au lieu de réchauffer le zèle artistique des horlogers, elle l'éteignait : Briot ne voyait dans les Suisses que des industriels, Couchery (1), son successeur, n'y voyait que des turbulents et des anarchistes.

Voilà comment l'horlogerie cessa de grandir à Besançon. Les artistes, découragés et sans appui, quittaient la manufacture sans prévenir l'Agence et sans rembourser surtout les avances qu'on leur avait faites. La Municipalité s'enquérait peu si ces étrangers avaient rempli leurs engagements vis-à-vis de la Nation, elle leur délivrait sans objection des passeports quand ils en demandaient. L'Agence s'en plaignit au Ministre (20 janvier 1796) et la Municipalité reçut l'ordre de ne délivrer désormais des passeports que sur le visa des Agents ;

(1) Couchery fut plus tard secrétaire du roi Louis XVIII et ennobli.

mais la Municipalité éluda cette obligation en délivrant des laissez-passer à l'intérieur.

Cette pauvre Agence n'avait même plus l'énergie
d'exiger du Contrôleur un état décadaire ou seulement mensuel des montres contrôlées. Nous la
verrons tout-à-l'heure demander aux Administrateurs du département un petit local, car il lui faut
bien peu de place pour tenir ses séances.

Le 14 ventose, l'Agence écrivait de nouveau au
Ministre pour lui exposer la situation critique dans
laquelle se trouvait l'établissement d'Horlogerie
nationale par suite de la stagnation du commerce.
Cette lettre, destinée sans doute à inspirer au gouvernement quelque intérêt pour la colonie, me
semble si bien faite pour lui inspirer des sentiments contraires, que je la transcris littéralement.

« La fabrique d'Horlogerie nationale de Besan-
« çon se ressent de la stagnation du commerce en
« général ; et il est bien vrai que ceux qui font
« établir des ouvrages sont forcés de diminuer de
« beaucoup le prix de main-d'œuvre ; mais il s'en
« faut bien que ce bas prix des ouvrages soit la
« seule cause de la misère dont la plupart des ar-
« tistes se plaignent ; le pain, le vin et les loyers
« sont en général à meilleur marché ici qu'en 1790.
« Mais une des principales causes de leur misère,
« c'est le temps qu'ils perdent en assistant régulié-
« rement à une Société jacobite que des intrigants
« ont formée ; et la plupart de ces malheureux ou-

« vriers prennent pour du patriotisme leur exac-
« titude à entendre ces Pères du désordre et de
« l'anarchie. Sortant de là, ils s'en vont les uns au
« café, les autres au cabaret, et leurs familles sont
« dans la misère ; tandis que s'ils redoublaient
« d'assiduité, ils pourraient attendre un temps où
« le commerce prenant un peu plus d'activité, ren-
« drait leurs travaux plus lucratifs, etc. »

Ainsi la crise est réelle, positive, l'Agence le re-
connaît, et voilà qu'elle indispose le pouvoir contre
la fabrique en masse à cause de l'inconduite personnelle de quelques artistes ! C'était mal comprendre sa mission ; en défendant de la sorte les
intérêts d'une industrie qu'elle avait charge de protéger, elle devait naturellement s'attirer bien des
inimitiés ; les dénonciations pleuvaient contre elle
au Ministère, et elle avait la naïveté d'y répondre
en exposant « qu'on ne lui en voulait tant que
« parce qu'elle ne demandait pas sans cesse pour
« la manufacture des subsides et des encourage-
« ments (1). »

Elle était composée certainement d'hommes
honnêtes, mais d'un esprit sans consistance et sans
énergie. Elle fut obligée, le 19 germinal, de quitter
la maison Lauragais qui retournait de droit aux
héritiers d'un condamné. C'est alors que, dépos-

(1) Arch. préf., cart. cit.

sédée, elle écrivit à l'Administaration départementale une lettre, modèle d'humilité, de persuasion
et de douceur, à l'effet d'obtenir, non plus une *Vicomté*, mais un simple bureau.

Cette Agence expira le 15 floréal an IV. La direction des affaires fut confiée au citoyen Charles,
qui prit le nom d'Agent comptable du Gouvernement près l'Horlogerie nationale de Besançon.

Pendant sa gestion qui dura dix mois, cette
Agence ne fit rien ou peu de chose et ne proposa
pas davantage : c'était dans le caractère de ses
membres. Cependant, comme sous la Terreur, un
bonnet phrygien avait été ajouté au faisceau surmonté de la hache qui formait le poinçon primitif,
et comme l'exportation paraissait en souffrir, les
citoyens Agents demandèrent et obtinrent, en germinal, la suppression de ce bonnet prétendu de la
liberté.

Troisième Agence.

(Du 15 floréal an IV au 9 ventose an VI.)

A cette époque, on comptait déjà dans Besançon plus de soixante mariages mixtes entre Français et Suisses. La bouture horlogère avait donc pris racine dans cette bonne terre de Franche-Comté ! Les persécutions essuyées l'avaient rendue plus forte et plus durable ; elles avaient été comme un battage intelligent pratiqué pour serrer la terre à ses pieds : un sol trop meuble l'eût peut-être fait périr ! Quoi qu'il en soit, des autres tentatives faites pour acclimater l'horlogerie à Grenoble et à Versailles cette année-là, il ne resta rien, si ce n'est huit ou dix élèves qui vinrent, en l'an VIII, grossir notre manufacture. Je dois dire que ces tentatives ne contribuèrent pas peu à ralentir l'activité de notre établissement : on suppose même qu'elles ont été faites en vue de le faire tomber.

La fabrique était descendue en l'an IV, bien au-dessous de ce qu'elle avait été l'année précédente ; on avait une différence en moins d'environ 3,500 montres établies. Cet état de choses était alarmant.

Charles, à son arrivée, trouva la colonie dans le découragement où l'avait jetée la dépréciation du papier-monnaie, le manque de débouchés pour ses produits, enfin et surtout la contrebande des montres suisses. Notre nouvel Agent se mit en rapport avec les ouvriers et les patrons, s'enquérant avec attention des besoins de ceux-ci, accueillant avec bonté les doléances de ceux-là; il fit inopinément et fréquemment des apparitions dans les ateliers, jnsqu'à Beaupré même, afin d'en apprécier l'ordre intérieur et la bonne tenue; accompagné du contrôleur et de la police, il se rendit chez les monteurs de boîtes, afin de s'assurer de l'exacte application du poinçon qui est, comme on l'a dit, le palladium d'une fabrique.

L'Etat payait à chaque famille horlogère une indemnité de logement déterminée par l'arrêté du 21 brumaire (art. 6). Charles, pénétré des abus (1) qui résultaient de ce mode de faire, fit la demande d'une maison nationale pour y loger les artistes; il pensait ainsi réaliser quelques économies qu'il pourrait utiliser autrement. Mais sa demande demeura sans réponse; le mauvais vouloir des Administrations locales paralysait ses efforts. Le moyen, je vous prie, de s'entendre avec des gens systématiquement hostiles à la manufacture et qui repoussaient avec entêtement cette invasion industrielle?

---

(1) Les indemnités étaient irrégulièrement fournies; les artistes ne payaient pas leur loyer; les propriétaires l'exigeaient six mois d'avance. (Arch. préf., cart. cit.)

4

Nos bonnes gens de Comté, plus riches en denrées qu'en écus, jalousaient ces colons dont l'établissement nous coûtait si cher ; ils ne compre-
daient pas que tant d'or fût nécessaire pour fabriquer
des montres, et se bouchaient les oreilles quand
on leur faisait entendre l'utilité prochaine de tous
ces sacrifices. Ainsi, l'Administration départementale ayant appris que le payeur général avait reçu
de l'Agence des Arts et Manufactures une somme
de 5,000 fr. en lingots d'or et d'argent nécessaire
pour la confection des boîtes de montres, délibérait
et opinait, dans sa séance du 22 frimaire an IV, que
ces 5,000 livres seraient bien mieux employées à
l'approvisionnement de nos subsistances qu'à l'u-
sage auquel on les destinait, et elle écrivait immé-
datement au Ministre à cet égard (1).

Charles transmit au Directoire exécutif les ob-
servations de nos industriels au sujet de la concurrence ruineuse contre laquelle ils luttaient. Car
enfin, les fabriques étrangères ne payaient pas
comme nous un droit d'entrée sur les matières premières (cuivre, acier, etc.) ; elles trouvaient chez
nos ennemis un écoulement large et facile de leurs
produits ; elles se procuraient aisément et à peu de
frais les matières d'or et d'argent. Les chefs de la
Manufacture bisontine demandaient , en consé-

(1) Voy. aux Arch. préf. (Délibérations des Conseils gé-
néraux.)

quence qu'on interdît l'entrée en France des montres étrangères et qu'on en défendît la vente, ou tout au moins qu'on les frappât d'un fort droit d'importation. « La mesure que nous proposons, « disaient-ils, n'est pas unique et sans précédents : « Genève ne permet pas qu'on vende chez elle des « montres autres que celles de sa fabrique (1). »

Mais, en attendant l'application des mesures prohibitives réclamées, Charles fit parvenir au Ministre Benezech les plaintes des fondateurs de la colonie qui demandaient de nouvelles avances, « attendu; écrivaient-ils, qu'on ne trouverait pas « un sol à emprunter sur cette place. » Charles appuya leur demande en attestant leurs besoins. La fabrique d'Horlogerie peuplade, c'est ainsi qu'est désigné l'établissement de Beaupré, était alors dans la plus affreuse position ; les ouvriers étaient sans asile, sans pain, sans crédit (2); ces infortunés, pères de famille, ne pouvaient pas quitter la France sans rembourser les avances qu'elle leur avait faites, et ils n'avaient pas même d'argent pour regagner la Suisse (3).

Mais le Ministre répondit que la République

(1) Arch. départ.

(2) Plusieurs de ces malheureux, pour en finir, ont eu recours au suicide (Lettre de Mégevand au Ministre, 14 prairial an IV).

(3) Arch. dép.

était pauvre, que l'Horlogerie avait jusqu'alors dépensé 654,000 livres, et qu'il se bornerait pour le moment à n'exiger pas un compte en règle de toutes ces dépenses (1).

Ici commence pour l'Agent comptable la série des longs déboires : il demande que malgré la prohibition des produits anglais, on laisse entrer, moyennant un droit, le laiton, les aciers, limes, etc. nécessaires à nos ateliers et sans lesquels tout travail devenait impossible dans la fabrique, et Benezech refuse; il demande en faveur de l'établissement d'Horlogerie et avec l'appui du Conseil de département, cette fois, une caisse de secours, de prêts et d'encouragements, conformément aux dispositions du décret de la Convention (2),et Benezech refuse; il demande seulement une avance de quelques fonds dont il fera le placement de concert avec les Administrations locales, et Benezech refuse encore. «Ce Ministre, dit-il lui-même dans son « compte-rendu (3), me réprimandait quand j'a- « gissais sans le consulter, et il ne m'accordait rien « de ce que je lui demandais. »

Les souffrances ressenties par l'industrie franc-comtoise étaient également ressenties en Suisse, paraît-il, puisque malgré la crise si vivement ac-

(1) Arch. dép.
(2) Voyez pièce n° 5.
(3) Arch. dép.

cusée par notre colonie, nous voyons de nouveaux artistes, affriandés par l'appât d'une prime, arriver de Suisse à Besançon. Cette fois, l'Administration départementale n'y tint plus; elle expulsa sur-le-champ, sans exception ni merci, tous ces touristes dont l'Helvétie nous inondait. « De nouveaux ve-« nus, écrivait Charles à ce sujet, arrivent pour « grossir notre manufacture et remplacer ceux qui « l'ont lâchement abandonnée. Mais les Adminis-« trateurs du département du Doubs ordonnent à « ces nouveaux arrivés de sortir du territoire de la « République dans les délais de trois ou quatre « jours au plus. Veuillez, citoyen Ministre, me ré-« pondre sur cet objet (1). »

Le 15 fructidor, et en réponse à sa lettre, Charles recevait un ordre ministériel en vertu duquel on n'accorderait plus d'indemnités pour déplacement aux artistes de l'étranger.

On avait accordé la maison Schaffoy aux premiers émigrants, et la Compagnie Mégevand l'avait remplie d'ateliers; on la leur avait promise pour quinze ans; mais le 12 fructidor an IV, le département prétendit la reprendre, parce que des particuliers la soumissionnaient.

Le Directoire exécutif, dans son arrêté relatif aux apprentissages, avait accordé aux maîtres, outre les primes énoncées précédemment, l'équivalent

____

(1) L'Agent au Ministre, 26 thermidor an IV (Arch. dép.)

de quatre marcs d'argent (1); mais le 8 ventose an V, le Ministre Ramel, en raison de la pauvreté du Trésor, fit suspendre l'admission de nouveaux élèves.

Ainsi, de tous côtés arrivaient à la Manufacture les dénis et les affronts. L'Agent Charles, sent bien que la faveur du Gouvernement cesse de protéger efficacement l'établissement d'Horlogerie; il le sent, il le constate. On remplit mal les engagements qu'on a pris vis-à-vis des entrepreneurs : c'est ainsi qu'on leur accorde du blé dont nos magasins regorgeaient, et que les commissaires ordonnateurs refusent d'en livrer (2); c'est ainsi qu'on leur annonce l'envoi fait au payeur de sommes que, pour une raison quelconque, le payeur ne reçoit pas (3). En un mot, le Ministre, quand il cède aux pressantes sollicitations de son Agent, n'est pas obéi, et l'on dirait qu'il n'est pas fâché de ne l'être point.

Cependant l'arrêté du 10 brumaire an V qui prohibait l'importation et la vente des marchandises anglaises, et qui paralysait notre industrie en la privant des objets qui lui étaient indispensables, comme les limes, les laitons, cet arrêté prohibait aussi l'entrée en France des produits d'horlogerie,

(1) Environ 200 francs.
(2) Arch. dép.
(3) Voy. Pièces justificatives, n° 1.

et partant pouvait nous être avantageux au moins sous ce rapport. C'est un motif pour que Charles redouble d'efforts; il demande et obtient pour temple l'église du Refuge; il demande pour les ouvriers de la fabrique, à la municipalité cantonale de Besançon, la dispense des patentes qui lui est accordée; il rédige et soumet à l'approbation ministérielle un projet de règlement pour réprimer les désordres des élèves; il n'avait plus à la vérité de nouveaux apprentis, mais il fait habiller les apprentis pauvres et régler leurs apprentissages.

Ces élèves, au nombre de soixante environ, choisis parmi les fils d'anciens militaires, des défenseurs de la patrie, comme on disait alors, étaient répartis, une trentaine à Beaupré, sept chez Auzières, et les autres isolément chez différents maîtres. Charles préférait de beaucoup ce dernier mode d'apprentissage au premier, qui présentait de graves inconvénients. « Dans les grands ateliers, dit-il, on ne « peut jouir d'eux; ils complotent pour ne pas tra- « vailler, ils se corrompent; ils se persuadent qu'ils « gagnent trop aux maîtres; en conséquence, ils « négligent leur instruction, etc. » A Beaupré, cependant, ils étaient l'objet de soins particuliers, et Sandoz, à qui Mégevand avait abandonné la direction de la peuplade, leur avait fait donner un instituteur.

Cependant les dénonciations des ouvriers contre les chefs de la colonie, dénonciations où le mal est

toujours grossi afin d'être rendu plus sensible, ne pouvaient manquer de lasser la bienveillance du pouvoir à l'égard de l'établissement, dont l'intérêt d'ailleurs était bien secondaire au milieu des tempêtes politiques de l'époque. Des plaintes contre Auzières et Mégevand ne cessaient de se faire entendre. On les accusait : 1° de renvoyer arbitrairement leurs ouvriers; 2° de refuser de l'ouvrage à ceux qui leur en demandaient; 3° d'employer en acquisitions d'immeubles les sommes que l'Etat mettait à leur disposition. Outre qu'elles étaient dirigées d'une façon peu digne contre des hommes malheureux et attérés par le mauvais état de leurs affaires, ces dénonciations étaient manifestement exagérées. Que ces entrepreneurs aient renvoyé des artistes arbitrairement de leur atelier, c'est possible et même probable; mais il leur était difficile à cette époque d'assurer de l'ouvrage aux ouvriers qui en manquaient, et bien plus difficile encore d'acquérir des immeubles avec l'argent dont ils disposaient. S'ils avaient commis cette faute dans un temps, ce temps, hélas! était bien passé. Mégevand, je le constate avec plaisir, répondit toujours avec dignité à ces attaques dont il était l'objet :
« Ces malheureux, dit-il, quelque part, sont éga-
« rés par l'excès même de leur infortune (1). »
Quant à Auzières, il fut trop fier pour y répondre.

(1) Laurent Mégevand, à qui Besançon est redevable de

Mais qu'importent désormais à la Manufacture de Besançon les noms d'Auzières, de Mégevand, de Trot, etc.? Ces noms ne seront plus bientôt que des souvenirs. A côté de ces entrepreneurs salariés jadis et jouissant encore de quelques avantages concédés lors de la formation de l'établissement, des négociants sages spéculent sans bruit, *établissant* avec réserve parce qu'ils *établissent* avec leurs propres fonds, et fondent doucement la réputation de leurs comptoirs par l'excellence de leurs produits. Ce sont ces établisseurs modestes, les *Favre*, les *Robert*, les *Mathey-Dorel*, les *Savoye*, les *Jeanneret*, les *Bréguet*, etc. auxquels il est réservé d'incuber l'œuf industriel jusqu'au jour où l'industrie prendra son essor.

Le 9 ventose an VI, le Ministre Letourneux décide la suppression définitive de l'Agence de l'Horlogerie nationale.

la fabrique, est mort frappé d'une balle ennemie sur nos remparts en 1814 : il était dans un état de profonde misère, et n'avait pu, dans ses désastres, sauver même la dot de sa femme.

L'Horlogerie sous le Directoire, le Consulat et l'Empire.

(De 1798 à 1815).

Le Ministre cessa donc d'entretenir un Agent spécial chargé de correspondre avec lui au sujet des besoins de notre établissement, dont la surveillance fut confiée à l'Administration départementale. Cette mesure, dès longtemps réclamée, comme on l'a vu, par quelques Suisses, ne pouvait manquer d'agir défavorablement sur la fabrique ; elle prouvait surabondamment, ce que la difficile gestion de Charles avait déjà démontré du reste, que l'Etat, mal en ses affaires, était lassé des sacrifices qu'il avait faits et décidé d'abandonner la manufacture à ses seules ressources. Le nombre des poinçonnements, qui s'était élevé à 15,867 en l'an V, décrut rapidement et descendit en l'an VII à 9,470. Ce résultat avait été, jusqu'à un certain point, prévu par le Ministre qui écrivait, avant sa décision du 9 nivose, aux Administrateurs du département « que la création d'une caisse de prêts et d'encouragements avait été ordonnée par la loi du 7 ventose an III, mais que des événements ou des circonstances graves en avaient jusqu'ici retardé l'exécution ; que cependant une institution de cette nature pourrait peut-être rendre à l'Horlogerie nationale l'activité qu'elle était à la veille de perdre. » A quoi le département avait répondu « que si cette caisse s'établissait, il conviendrait d'en donner la direction à nn fabricant laborieux, intelligent et possédant la confiance des artistes, comme était le citoyen Maudrillon ; mais qu'alors les entrepreneurs ne manqueraient pas de dire que cette caisse était la cause de leur ruine. » Ce projet est resté sans suite.

Toutefois, je dois dire que la suppression de l'Agence ne fut qu'en partie la cause de l'inquiétante oscillation que nous avons signalée dans les états trimestriels du contrôle. Ce qui certainement y contribua le plus, ce fut l'application intempestive de la loi du 19 brumaire an VI à notre établissement qu'elle mit à deux doigts de sa perte. Le péril que courut l'Horlogerie française fut si grand, qu'au 25 germinal an VII parut en sa faveur une loi d'exception (1), loi que le Corps législatif fit suivre le 4 vendémiaire an VIII de l'arrêté suivant :

« ARTICLE PREMIER. — Le titre des matières d'or
« et d'argent employées à la fabrication des boîtes
« de montres dans l'Horlogerie nationale de Be-

______

(1) Voyez Pièce n° 7.

« sançon demeure fixée, savoir : pour l'or à 760
« millièmes (18 karats 1/4) sous la tolérance de 10
« millièmes, et pour l'argent à 834 millièmes (10
« deniers et 1/4) sous la tolérance de 11 millièmes,
« au-dessous desquelles proportions aucune boîte
« ne pourra être reçue ni poinçonnée, etc.

« Art. 5. — Pour tenir lieu à l'essayeur du droit
« qui lui est accordé par la loi du 19 brumaire, et
« dont l'Horlogerie nationale sera exempte, il con-
« tinuera de jouir d'un traitement annuel de 1200 li-
« vres payables sur les fonds accordés pour l'Hor-
« logerie... »

La loi du 19 brumaire, outre qu'elle laissait le
prix de l'essayage à la charge des monteurs de boîtes, diminuait encore de 0,007 millièmes la tolérance du titre pour l'or, et de 0,015 pour l'argent.
C'est à cette loi de brumaire qu'il faut attribuer la
faillite de Maudrillon, qui a découragé profondément la manufacture bisontine. Maudrillon établissait à lui seul plus du quart des montres de la fabrique.

A quoi tient donc la réussite ou l'insuccès dans
les entreprises commerciales? Voici qu'on projette
de nationaliser en France une industrie dont elle
manquait, l'horlogerie, qu'ont vainement et dis-
pendieusement tâché d'acclimater chez elles Parme,
Florence, la Prusse, l'Autriche, la France même;
on l'établit dans Besançon, la seule ville peut-être

où cette industrie enviée devait n'être pas accueillie avec faveur, et, malgré cela, elle prospère. On paie mal et en mauvaise monnaie les patrons et les ouvriers; on les décourage, on les persécute, on sème entre eux les rivalités et la division, et malgré cela l'horlogerie prospère encore. Le commerce est nul; on entrave la fabrication en n'admettant pas à la frontière les outils qui lui sont indipensables; à l'impossibilité du travail et des transactions se joignent à l'intérieur la famine et la misère; puis, après tout cela survient la série des faillites désastreuses, et l'horlogerie tient bon et grandit quand même. Est-ce tout? Non, nous allons voir s'élever contre elle un nouvel assaillant: je veux parler de l'esprit militaire de l'époque. «Nous vous ajoute-
« rons qu'un général, écrivait l'Agence au Ministre
« (14 ventose an IV), envoyé ici pour activer l'exé-
« cution de la loi du 4 frimaire, s'étant permis des
« remplacements de volontaires, a choisi ces rem-
« plaçants parmi les artistes de la fabrique; on
« leur a promis beaucoup d'argent, et cet appât
« d'argent comptant a beaucoup dérangé les ate-
« liers (1). »

Nous entrons, pour l'horlogerie, dans une nouvelle phase de tribulations, la plus longue peut-être et la plus difficile. Combien d'artistes, dans cette période, qui de gré ou qui de force, quitte-

(1) Voyez Arch. dép.

ront les ateliers pour les camps, le burin pour le mousqueton (1).

Le Conseil de département dans les attributions de qui la manufacture était tombée, n'avait guère le temps de s'occuper de la fabrication des montres; il avait à faire des approvisionnements de toutes sortes, de pain, de souliers, de munitions, de fourrages, etc., à en surveiller la répartition et le bon emploi. L'un des membres du Conseil, le citoyen Perriguey, fut en conséquence chargé de faire un rapport sur la fabrique d'horlogerie, sur sa situation et sur ses besoins. Ce rapport est partial, haineux et laisse trop voir les sentiments de malveillance qui en ont inspiré la rédaction; d'un bout à l'autre c'est une attaque personnelle contre les chefs de l'établissement (2). Comme conclusion, Perriguey constate que l'horlogerie périclite,

(2) Vous verrez dans les cartons des Archives plusieurs pétitions de vieux militaires établis soit en Touraine, soit en Beauce, lesquels ont réclamé auprès de la municipalité bisontine des pièces en règle établissant qu'ils ont fait partie de la colonie suisse, et partant qu'ils sont bien et dûment citoyens français.

(2) A la séance du 13 pluviose an VII, un membre demande au citoyen Perriguey s'il n'a pas envoyé au Ministre son Mémoire avant d'en donner lecture au Conseil. Sur la réponse affirmative qui fut donnée, le Conseil décide qu'on écrira au Ministre pour le prémunir contre l'esprit de ce rapport. (Voy. Arch. dép.)

c'est son expression, depuis qu'elle est livrée à elle-
même. « Il faut, dit-il, établir une caisse de prêt
« qui sera remise en des mains pures ; et pas
n'est besoin de nouveaux fonds : la rentrée des
prêts faits jadis aux entrepreneurs suffira. » C'est
un dernier trait qu'il décoche à leur adresse !

Perriguey avait, dans son rapport, demandé, en
faveur des artistes, le maintien de l'exemption de la
patente, exemption que Charles avait obtenue pour
l'an VI. Mais le temps des faveurs était passé ! on
ne voulut même plus pour eux de l'exemption du
service militaire spécifiée dans l'article 2 de l'arrêté du 13 prairial (1). En effet, le Conseil dépar-
temental, appelé à statuer sur la réclamation d'une
douzaine d'artistes, décida que la réquisition serait
obligatoire pour les horlogers reconnus citoyens
français.

Pendant cette période, les détails concernant
notre établissement sont complétement dénués
d'intérêt. Il n'est question que de poursuites judi-
ciaires exercées contre les anciens chefs de la colonie ; on presse le remboursement des fonds qu'on
leur a prêtés jadis, sous le prétexte d'en avantager

Il paraît que Perriguey fut blessé de cette décision, car il
assista depuis à bien des séances sans apposer sa signature
au procès-verbal comme tous ses collègues, sans exception
l'ont toujours fait.

(1) Voy. page 22. Historique.

les artistes, mais en réalité pour rentrer dans les avances qu'on leur avait faites. Il semble que notre fabrique, au milieu de ce concours d'événements graves qui signalent le commencement du dix-neuvième siècle, va s'éteindre dans l'indifférence même de ceux qui l'ont le plus vivement combattue; si la haine des Bisontins ne la poursuit plus, l'Etat, en revanche, la délaisse, livrée à elle-même.

C'est qu'en effet l'Etat se souciait peu, désormais, de la manufacture de Besançon; à quoi bon la soutenir et la protéger, quand il en trouvait une toute faite? N'avait-il pas pour alliée et en quelque sorte pour vassale Genève, que nous avions conquise (1)? Repoussée des gens du pays, il fallait pour compléter l'épreuve, que l'Horlogerie nationale fût abandonnée du Pouvoir, qui l'avait, jusqu'ici un peu défendue! A cause de Genève, elle fut donc moins que jamais encouragée; par Genève, on élargit contre elle la concurrence sans agrandir pour elle les débouchés; pour Genève bientôt, on livrera ses poinçons à la Suisse, mesure qui sera désastreuse dans un avenir peu éloigné.

Des esprits timorés en voient la chute imminente et un établisseur, Vaucher, pour la conjurer,

____

(1) Depuis 1798, Genève était au pouvoir des Français, qui avaient occupé cette place sous prétexte qu'elle était la clé d'un passage.

propose la formation d'une vaste société en commandite dont il suppute minutieusement les frais. L'Etat n'aurait eu qu'à faire une avance de 150,000 fr. Mais l'Etat n'était rien moins que disposé d'accepter cette nouvelle combinaison. Au lieu de cela, il réalise des économies en supprimant le traitement de 1,200 fr. (1) qu'il servait à l'essayeur de la garantie. Ce traitement, par une décision du 17 pluviose an X, est laissé à la charge des monteurs de boîtes, lesquels auparavant ne payaient qu'un faible droit de marque. Les horlogers réclamèrent chaudement et avec raison contre ce prix d'essai, fixé d'abord à 35 c. par boîte d'or, et à 10 c. par boîte d'argent, tandis que le citoyen essayeur défendait avec énergie et pièce à pièce le modique tarif imposé à ses clients. Mais il eut beau dire, comme il fut prouvé qu'il gagnait trop, on abaissa successivement le prix d'essai à 30 c., puis à 25 c. pour l'or, et à 7 c. 1/2 pour l'argent. Ces discussions entre essayeur et monteurs de boîtes continuèrent d'avoir lieu jusqu'en 1806, époque à laquelle, en vertu du décret qui portait création d'un bureau de garantie à Genève (2), nous fûmes soumis à l'application définitive de la loi du 19 brumaire an VI. Genève nous portait décidément malheur!

(1) Voy. Historique, page 60, verso.
(2) Voy. Pièce justificat. n° 8 (Décret du 21 août 1806).

Cependant les appréhensions conçues au sujet
de l'avenir de l'horlogerie franc-comtoise étaient
vaines. Malgré nos guerres, malgré l'impossibilité
de plus en plus grande du commerce d'exportation, notre fabrication se soutint plus fermement
qu'on ne l'eût espéré. On vit même à cette époque,
fait bien étonnant, des négociants du pays, Mou-
trille, Bernard et Bretillot s'associer pour l'exploitation des produits d'horlogerie.

Cette voie, dans laquelle entraient des banquiers,
fit tressaillir d'aise la colonie, me disait un patriarche
de la fabrique! Malheureusement, il était difficile
à la nouvelle société de réaliser toutes les espé-
rances qu'elle avait fait concevoir; elle fit même
beaucoup en opérant quelques années, malgré l'i-
gnorance en horlogerie de ses fondateurs et de ses
employés, malgré les sacrifices qu'elle dut faire pour
payer des gens spéciaux, comme visiteurs, etc.

On peut dire qu'avec la maison Bernard et Bretillot la manufacture prenait à Besançon droit de
cité; il ne lui manquait plus rien pour que sa na-
turalisation fût complète: en effet, à défaut de
Beaupré, qui n'existait plus, et de Seloncourt, qui
n'existait pas encore, Beaucourt fournissait des
ébauches à nos ateliers, et Montécheroux (1), où

(1) Un coutelier suisse de la Chaux-de-Fonds, Jonas
Brand, qui avait eu maille à partir avec la police de son
pays, s'était réfugié à Montécheroux, où il créa le commerce
des outils d'horlogerie en 1790.

les frères Blondeau avaient depuis plus d'une année (1800) établi leur fabrique, les assortissait d'outils.

Dans ce même temps, on essayait à l'hôpital St-Jacques de faire, parmi les enfants de la Charité, des apprentissages d'horlogerie ; on acheta des outils, limes, étaux, burins ; on monta des établis, on choisit des maîtres. Mais on n'avait pas compté sur des apprentissages aussi longs et aussi dispendieux, et, dans ce temps-là, les artistes formaient leurs élèves avec conscience ; ils leur enseignaient sans fin à tourner et à façonner des ébauches, à faire artistement ce que des emporte-pièces font beaucoup mieux ; et l'on ne tarda pas à s'apercevoir qu'au train dont allaient les choses, il faudrait faire des avances de fonds considérables pour soutenir ces ateliers d'apprentissage et courir le risque de n'en tirer aucun profit. En conséquence, on cessa bien vite de soutenir cette école pratique, et on en vendit les dépouilles quelques années plus tard (1821) à la Société de secours des horlogers, moyennant 270 fr.

Sous l'empire, la fabrication des montres languit et n'atteignit jamais à un chiffre très-élevé. Quelques-uns de nos établisseurs, lassés d'attendre à leur comptoir des commandes qui n'arrivaient pas, se mirent bravement en campagne à la suite de nos armées, et, grâce à ces escortes d'occasion, ils placèrent plus ou moins avantageusement leurs produits à l'étranger. Le plus connu de ces fabricants nomades est François Robert, qui fit des affaires considérables en Allemagne, en Prusse, en Autriche, et qui perdit d'un coup presque toute sa fortune en Espagne.

Ne considérons pas cependant la période impériale comme inutile à notre établissement : elle le fit oublier et en cela elle le servit. En effet, la population bisontine, attentive aux bruits du dehors, ne se souvint plus des artistes turbulents de la colonie, ou ne les reconnut point dans nos Suisses, que les souffrances avaient rendus circonspects et dont la chronique urbaine ne s'occupait presque pas.

L'Empire rendit un autre service à l'établissement franc-comtois, ce fut d'enrôler dans ses phalanges les artistes les plus mutins et de fournir à leur activité amplement de quoi s'exercer : il enleva, par le recrutement, si l'on peut ainsi parler, les scories impures de l'émigration.

L'Horlogerie sous la Restauration.

En 1814, l'Europe pacifiée fut enfin rouverte à l'exportation, et les fabriques reprirent rapidement l'activité que la guerre et le blocus leur avaient ôtée. Mais la nôtre? mais la fabrique bisontine, n'avait-on pas oublié qu'elle existait? N'était-il pas à craindre, si la somnolence commerciale dans laquelle elle était restée si longtemps se prolongeait, n'était-il pas à craindre, dis-je, que la prospérité renaissante de ses rivales ne la fît périr? En effet, grâce à nos poinçons que Genève et St-Imier possédaient depuis l'annexion de leur territoire à l'Empire, Genève et St-Imier nous inondaient de leurs produits, et les ouvriers de notre cité, découragés et sans travail, désertaient en foule nos ateliers. C'est alors qu'un digne représentant de l'horlogerie française, François Favre, adressa, au nom des fabricants bisontins, un Mémoire dans lequel, après avoir exposé la situation périlleuse de notre commerce, il réclamait d'urgence : 1° la prohibition des montres suisses ; 2° l'application d'un poinçon particulier ; 3° l'exemption de tous droits en faveur du commerce d'exportation ;

4° l'extension à 0,008 mill. de la tolérance du titre de l'argent, etc. Mais les événements de 1815 firent ajourner toute décision à cet égard.

En 1816, on reprit la proposition de M. Favre, et les fabricants suisses, alarmés des mesures prohibitives dont l'horlogerie française invoquait l'application, et s'appuyant sur ce que la manufacture bisontine était insuffisante pour alimenter le commerce intérieur, demandaient la libre entrée des produits de leurs fabriques.

Avant de statuer sur cette demande, le Ministre convoqua une Commission spéciale à laquelle furent adjoints deux négociants de Besançon, François Favre et Denis-Louis Muguet; et quelque temps après parut l'ordonnance si désirée de M. de Saint-Cricq relative aux nouveaux poinçons et bigornes. Mais les Suisses, possesseurs de nos anciens poinçons, mirent à profit les délais accordés pour l'application du poinçon de recense, et nous envoyèrent toutes les montres de leurs fabriques. De sorte que les nouveaux poinçons ne servirent définitivement qu'à mieux régulariser la fraude.

Tous ces abus n'auraient guère été possibles si le droit de contrôle et de poinçonnement ne s'était exercé qu'aux lieux où l'on fabriquait, comme Besançon, Montbéliard et Paris. L'ordonnance royale du 5 mai 1819 finit par admettre au contrôle toutes les montres revêtues des anciens poinçons (la petite tête de coq ou le faisceau).

L'horlogerie bisontine ne cessa d'élever la voix contre un état de choses qui la lésait cruellement. Cette fois elle trouva des auxiliaires zélés dans la province, *quantum mutata !* Le Conseil général et la chambre de commerce surtout s'associèrent vivement à ses réclamations.

Dans sa séance du 4 août 1819, après avoir fait ressortir les avantages que l'horlogerie est susceptible de procurer à un pays pauvre, aride et froid, comme est le nôtre, et où règnent les longs hivers, le Conseil général demande :

1° Qu'on établisse exclusivement dans Besançon, Montbéliard et Paris les bureaux de contrôle et de poinçonnement :

2° Qu'on réduise au plus bas taux possible le droit de contrôle sur les montres;

3° Qu'on diminue les droits d'entrée sur les matières premières (1);

4° Qu'on assimile les ouvriers horlogers travaillant chez eux aux ouvriers à métier exemptés de la patente par l'article 53 de la loi du 15 mai 1818 ;

5° Qu'on provoque des règlements pour la police industrielle et autres institutions propres à faire

(1) Déjà en 1817, le Conseil général avait demandé en faveur de l'établissement de MM. Beurnier, nouvellement fondé à Seloncourt, la diminution d'entrée sur les cuivres, laitons, etc., les avantages, en un mot, dont jouissait déjà la fabrique de MM. Japy, à Beaucourt.

fleurir les établissements d'horlogerie en France,
telles que caisse d'épargne, etc.....

Ces vœux, le Conseil général les renouvelle avec
sollicitude dans sa séance du 20 avril 1821,

La chambre de commerce (1), de son côté, dans
sa délibération du 21 mai 1820, réclame contre la
disposition de l'ordonnance royale du 5 mai 1819 ;
comme le Conseil général, elle demande qu'on
réserve aux seuls bureaux de Besançon, de Montbéliard, de Paris et de Lyon le droit de poinçonner
les montres avec la défense expresse de les contrôler désormais étant finies (2).

Cependant un ralentissement dans les affaires
s'était fait sentir dès 1822 ; ce ralentissement produit par les agitations et par les bruits de guerre,
produit surtout par une autre cause dont nous par-
lerons plus bas, se prolongeait indéfiniment ; les
montres de notre manufacture ne s'écoulaient pas,
et nos établissements, moins riches que ceux de
Genève et de Neuchâtel, avaient épuisé toutes les
avances qu'ils pouvaient faire. Le Conseil général,
désireux d'améliorer la position de notre industrie,
désireux surtout d'atténuer pour elle les effets dé-
sastreux de ces crises commerciales, ordinairement

(1) La création de la chambre de commerce ne remonte
qu'à 1819.
(2) Disposition destinée à empêcher le contrôle et le poinçonnement des boîtes suisses passées en contrebande.

passagères, demandait dans sa séance du 14 juin 1823 « qu'il fût créé un syndicat d'horlogerie avec une avance de quelques mille francs et la délivrance de primes d'encouragement. »

« Le département du Doubs, ajoutait-il en finis-
« sant, y gagnera de conserver une colonie qui lui
« donne l'exemple, presque inconnu avant elle ,
« d'une industrie productive, du travail joint à
« l'économie, du mépris de la mendicité, et sur-
« tout d'une propreté dans les habitations qui res-
« semble à l'aisance. Cet exemple ne peut manquer
« de fructifier parmi nous, et déjà la manufacture
« compte un certain nombre d'apprentis et ouvriers
« du pays qu'elle a soustraits à la fainéantise
« comme aux vices que celle-ci traîne à sa suite. »

Certes, voilà qui prouve que la Franche-Comté tenait la manufacture et les artistes en bien meilleure estime qu'autrefois! Ces éloges exprimés si nettement ne sont pas entachés de suspicion, puisqu'ils sont consentis spontanément par un conseil composé des plus beaux noms du pays. D'où vient ce revirement? Je l'ai dit : c'est l'Empire qui l'a produit en épurant la colonie.

Malgré le vœu du Conseil général, le syndicat d'horlogerie projeté déjà en 1819 et 1821, n'eut pas lieu. A cet égard, on fera dans la suite encore bien des propositions qui n'aboutiront pas.

Notre manufacture continua de languir les années suivantes, et la Restauration fut pour elle une

longue crise. Comme on accusait la contrebande (1)
de toutes les faillites qui se succédaient, on recou-
rut à une application plus exacte des ordonnances
et réglements concernant la fabrique; on fit prati-
quer l'essayage à la coupelle avant la soudure du
fond de la boîte, etc. Mais ces moyens, bons en
eux-mêmes, n'avaient présentement aucune effi-
cacité. La cause du malaise que nous éprouvions
n'était pas tant dans la contrebande que dans l'in-
sensible révolution qui s'opérait dans le goût public : les montres dites *Lépine* étaient de mode, et
les montres dites *à roues de rencontre* qui consti-
tuaient pour nous en quelque sorte une spécialité,
ne l'étaient plus.

En somme, notre fabrique d'horlogerie ne paraît
pas avoir fait bien des progrès depuis 1802. On
contrôlait à la vérité une moyenne annuelle de
50,000 boîtes dans Besançon, au lieu de 26 ou
27,000 qu'on contrôlait en l'an XII; mais ces boîtes,
en majeure partie, étaient des produits d'importation. La Suisse, non contente de nous passer ses
montres illégalement par la contrebande, nous les
envoyait légalement par la filière des contrôles.
De sorte que si nous contrôlions plus de montres
qu'en l'an XII, je ne sais si nous en établissions davantage. En effet, une statistique du département

(1) La loi du 10 brumaire an V prohibait encore l'entrée
des montres. Elle ne fut rapportée qu'en 1834.

du Doubs, pour 1820, porte la fabrication annuelle à **5,000** montres d'or et 15,000 montres d'argent.

A Montbéliard, dès 1812, la fabrication du petit volume (des montres) avait décliné et était presque nulle en 1822, lorsque M. Vincenti y créait une fabrique de pendules.

Cependant les fabriques suisses avaient pris d'année en année un développement progressivement énorme. On se demande pourquoi le commerce et la fabrication des montres n'avaient pas, en Franche-Comté comme en Suisse : profité de l'accroissement de la consommation générale. Les uns en chercheront la cause dans l'infériorité artistique où nous étions vis-à-vis des Suisses ; c'est une erreur ; les autres, dans les conditions désavantageuses qui nous étaient faites, conditions qui sont à peu de chose près les mêmes à l'heure qu'il est, comme l'obligation de travailler au titre, l'essai *sur le déroché*, à la coupelle, etc. : c'est encore une erreur. D'abord, les montres établies dans nos comptoirs l'étaient avec probité ; elles ne le cédaient pas en général à celles que nous importions de Suisse et que nous vendions ensuite comme nôtres ; nous arrivions même, dans la fabrication des montres dites *à roues de rencontre*, à un degré de perfection que les fabriques étrangères n'ont jamais obtenu. En second lieu, il faut envisager l'obligation qui nous est imposée de travailler au titre comme une obligation salutaire ; nos produits,

par la garantie que leur imprime le poinçonnement,
ont au dehors, sur les produits suisses, une supériorité incontestable. Quant à l'essai des boîtes de
la fabrique à peine façonnées, essayées à la coupelle, tandis que les boîtes étrangères sont, à prix
égal, essayées finies, et au *touchau* seulement, c'est
là certainement une mesure inique dont nos fabricants souffrent; mais cette mesure n'est-elle pas
compensée et au-delà par les frais de transport et
les droits dont sont grevées les montres qui nous
arrivent de Genève ou de Neufchâtel. Les deux
principales, et peut-être les deux seules causes de
notre infériorité, selon moi, c'est d'abord que les
montres à *roues de rencontre* n'étaient plus deman-
dées, et que nous n'avions pas l'habitude de con-
fectionner les mouvements à cylindre; c'est ensuite
que la manufacture française n'avait pas encore
au-dehors la réputation que le temps seul peut
donner.

Cependant, la Chambre de Commerce, affligée
d'une crise aussi persistante, demandait, en 1816,
au Ministre, des secours pour les deux ou trois
mille personnes attachées à l'établissement d'horlogerie de Besançon, travaillant, soit pour des établisseurs chefs, soit pour des comptoirs dirigés par
des capitalistes. Les fonds implorés devaient servir
de palliatif en attendant des jours meilleurs. « Si
« encore, disait cette Chambre dans sa délibération,
« ces malheureux ouvriers étaient disséminés dans

« les campagnes, comme en Suisse, les travaux
« des champs les occuperaient, et, à la rigueur,
« pourraient les faire vivre. »

Le Ministre fit parvenir à la manufacture, en
1828, 4,500 francs qu'une Commission devait répartir aux artistes les plus besogneux. A deux re-
prises déjà, en 1817 et 1820, il avait été accordé,
comme encouragement, une somme de 1,500 francs
à la Société de secours et de prévoyance que quelques artistes avaient fondée à Besançon dans les
premières années de l'Empire.

Cette Société modeste, dont la caisse n'a guère
en maniement que quelques douze cents francs
produits annuellement par une minime cotisation
de cinq centimes versés chaque semaine par les
souscripteurs, n'a jamais été reconnue ni approuvée
par suite des événements de 1815 (1). Mais elle
fonctionne ; elle a même, si nous sommes bien
renseignés sur ce point, huit ou neuf mille francs
dans son fonds de réserve. Seulement elle n'est
plus, à proprement parler, la Société de prévoyance
des horlogers, comme elle l'était dans le principe ;
elle est la Société des protestants, et le pasteur en
est président à perpétuité.

Nous devons, dans cet historique, mentionner
l'établissement dans la province des deux impor-

---

(1) Les Statuts en ont été remis à M. de Scey en 1814, et
sont restés dans les cartons.

tantes fabriques de Seloncourt et de Badevel (Berne et la Chapote). La fabrique de Seloncourt, fondée par MM. Beurnier, en 1817, livre annuellement au commerce plus de 5,000 douzaines d'ébauches de montres et exporte en Suisse plus des trois quarts de ses produits. Celle de Badevel, de MM. Japy, ne fabrique que des mouvements de pendules, dont le quart est vendu à l'exportation. Ces deux établissements occupent aujourd'hui 1,000 à 1,200 ouvriers. (Voir la 2ᵉ partie de ce travail.)

L'Horlogerie après 1830.

La révolution de 1830 fut nécessairement accompagnée d'un temps d'arrêt dans le mouvement de nos affaires déjà si restreint. Mais la reprise se fit moins attendre qu'on ne l'avait craint. Le Gouvernement nouveau, plus industriel que tous ceux qui l'avaient précédé, s'était empressé d'ouvrir au commerce un crédit de trois millions. Notre établissement ne fut pas des mieux partagés dans la distribution de ces avances : M. Vincenti seul, je crois, fabricant de grosse horlogerie à Montbéliard, fut avantagé d'un prêt de 8,000 fr.; car les 30,000 fr. que MM. Bonjour et Cie , établisseurs, avaient obtenus, ne furent pas livrés par suite du mauvais état de leurs affaires. Il fut accordé en outre 2,500 fr. à titre de secours aux ouvriers pauvres de la manufacture.

Le contre-coup de la révolution de 1830 se fit ressentir dans la principauté de Neuchâtel, où des troubles éclatèrent en 1831. La France mit adroitement ces discordes à profit; dans l'espoir de renforcer nos ateliers et d'affaiblir d'autant ceux de nos voisins ; elle fit tenir le plus secrètement possible aux horlogers du Val de St-Imier, qu'on leur accorderait l'entrée en franchise pour leurs outils et pour leurs effets. Mais le Gouvernement de Neuchâtel eut vent de ces propositions d'embauchage et s'en fàcha ; notre Chambre de commerce fut accusée et blâmée d'avoir ébruité l'affaire, comme si elle avait des relations officielles, et il ne fut plus question d'inviter les Suisses à passer la frontière.

Il était presque sûr, du reste, qu'après chaque émeute, la colonie suisse recrutait quelques émigrants. Ainsi nous avions vu, après 1815, arriver dans nos murs une soixantaine de familles neuchâteloises que, par parenthèse, notre municipalité n'accueillit pas très-bien, « attendu, disait-elle, que « ces artistes sont des gens de maigre crédit et dont « Neuchâtel se débarrasse. » Ainsi encore nous voyons, après 1830, les troubles politiques jeter sur le sol français une armée d'ouvriers compromis. Les montagnards de la frontière les accueillirent avec empressement et reçurent, en échange de l'hospitalité qu'ils donnaient, une heureuse initiative industrielle. C'est ainsi, par exemple, que les Gras sont devenus une importante fabrique d'outils d'horlogerie (1).

L'horlogerie franc-comtoise reprit donc rapidement le niveau que la révolution lui avait fait per-

(1) Voyez page 81.

dre. En effet, il n'était plus question pour elle de vivre seulement, mais de progresser. Après 1830, les apprentissages français se firent plus nombreux qu'auparavant, et de Besançon cette industrie, comme un foyer, rayonna sur les campagnes environnantes, vers la montagne surtout, où bientôt chaque village, chaque hameau eut son artiste à trouer les rubis, à finir ou à pivoter les roues, etc. La haute montagne n'avait même pas attendu pour entrer dans cette voie que le mouvement lui vînt de la métropole : les fabriques suisses l'y avaient poussée. Pour ces pauvres habitants d'un sol infertile, c'était tout profit de faire de l'industrie à temps perdu. Depuis longtemps on fabriquait pour Genève aux Rousses, à Morez, qui depuis 1794 avait la spécialité des horloges et des tournebroches.

En 1835, la municipalité de Morteau, pour assurer du travail aux familles pauvres en même temps que pour arracher la jeunesse du pays aux entraînements du vagabondage et de la contrebande, traita pour l'établissement d'une école d'horlogerie avec MM. Bouttey et Vallangin (des Gras), moyennant une allocation annuelle de 2,100 francs. Cette école, qui obtint à différentes fois du Conseil général des encouragements pécuniaires, multiplia les ateliers dans Morteau, mais ne put y amener la fondation d'un comptoir d'horlogerie, qui exige une avance de fonds considérable. A Morteau, comme aux Allemands et aux Gras, comme dans

les cantons de Maîche, du Russey, de Saint-Hippo-
lyte, etc., on ne fabrique que des mouvements qui
sont à peu près tous livrés aux établisseurs de
Besançon, du Locle et de la Chaux-de Fonds.

Cependant la loi du 10 brumaire an V qui prohibait l'importation et la vente des marchandises anglaises ou réputées telles, avait été sinon complètement au moins exceptionnellement abrogée par
l'ordonnance royale du 5 mai 1819 en ce qui concernait les montres suisses. La loi du 20 mai 1834
en leva définitivement les prohibitions, et l'ordonnance du 5 juin suivant fixa le droit d'entrée à
6 p. 0/0 de la valeur sur les montres d'or, à 10 p. 0/0
sur les montres d'argent et les mouvements de
toutes sortes sans boîtiers. Ce droit n'avait rien
d'exorbitant; il fut néanmoins abaissé en 1836, et
ramené à 4 p. 0/0 de la valeur en moyenne des produits d'importation. Ce n'était plus alors un droit
protecteur, mais simplement un tarif de concurrence destiné à décourager la contrebande. En effet, la contrebande n'avait plus de raison d'être du
moment où l'on élevait à peine les droits d'importation au-dessus du taux de la prime exigée par le
contrebandier. Si donc la contrebande cessa d'être
aussi lucrative pour les montagnards qui s'y li-
vraient, en revanche les recettes de la régie aug-
mentèrent sensiblement, et la fabrication française
resta la même, sans rétrogradation ni progrès. De
1836 à 1846, si les bénéfices du contrôle ont pres-

que doublé, c'est à l'importation seule qu'on le doit (1).

Si donc l'horlogerie s'étendait dans la Franche-Comté qui avoisine la Suisse, il n'en était pas ainsi dans Besançon où elle restait presque stationnaire, grâce au peu de sollicitude qu'on lui portait. A Besançon, il n'était guère question de cette industrie vraiment avantageuse, et l'on s'y préoccupait peu de sa décadence ; il ne fallait pas moins que le merveilleux développement qu'elle a pris depuis, pour qu'on s'occupât d'elle. Cela tient un peu à ce qu'elle s'exerce sans bruit, modestement et en famille, derrière les vitres bien éclairées d'une mansarde. Ah ! si les ateliers d'horlogerie avaient frappé les yeux des passants, s'ils avaient occupé de longs édifices sales, enfumés et mugissants, surmontés de cheminées monumentales, et si, chaque soir, de ces casernes manufacturières l'on eût vu sortir une armée d'artisans hâves et noircis, on s'y fût intéressé bien davantage !

Cependant, en 1842, une mesure vraiment de protection fut adoptée en faveur de la fabrique bisontine : on n'admit plus au contrôle des montres à l'état fini. Cette mesure entrava quelque temps la concurrence qui nous était faite ; mais la fraude devint assez fine pour éluder la loi, et la rendre

(1) Voy. Mémoire présenté par les fabricants et horlogers de Besançon (1848).

complètement inefficace. Tant il est vrai qu'en matière d'industrie le succès appartient toujours en dernier lieu à celui qui produit le mieux et à plus bas prix! Nous verrons que, sous le rapport de la qualité et du bon marché des produits, l'horlogerie française peut, à l'heure qu'il est, lutter sans grand désavantage avec l'horlogerie suisse, et nous dirons les conditions qui nous semblent propres à lui assurer le succès dans le temps.

Comme progrès, notons que vers ce temps-là (1842), des personnes pieuses organisaient aux Carmes de Battant, des ateliers d'apprentissage pour les jeunes garçons. Cette institution, connue sous le nom d'*œuvre de St-Joseph*, fut établie dans des vues charitables, mais sans éléments de durée : elle vivait de quêtes, dépensait beaucoup et rapportait peu. La crise qui suivit la révolution de 1848 vint à point pour en compléter la ruine. Toutefois cette école fournit de nombreux élèves, dont quelques-uns soutiennent et honorent présentement la manufacture bisontine.

Je ne passerai pas sous silence l'heureuse application qui fut faite, en 1844, d'une découverte scientifique, à l'industrie horlogère : je veux parler du dorage à la pile. Anciennement on dorait au feu, c'est-à-dire qu'appliquant sur un objet l'amalgame d'or, on chauffait de manière à volatiliser le mercure. Ce procédé de dorage altérait gravement la santé des ouvriers par l'absorption inévitable des vapeurs mercurielles. On voit encore aujourd'hui des victimes de cet empoisonnement ; quelques-uns, comme Maillard, etc., sont en partie rétablis ; mais les autres, comme Himette, Krans, Richel, se reconnaissent de loin à leurs membres tremblants ou paralysés. La galvanoplastie découverte, on essaya, à Besançon comme en Suisse, d'en faire application aux pièces d'horlogerie. Jacot-Girod, Ducommun, Maillard, et surtout Balsigre (1), dont les dorages étaient si estimés, essayèrent de dorer par ce procédé les mouvements des montres qu'ils établissaient. Ils réussirent au-delà de ce qu'ils espéraient, et bientôt l'ancien procédé fut délaissé pour le nouveau, qui donnait, à la vérité, des résultats moins durables, mais aussi plus variés, moins coûteux, plus productifs, et surtout d'une complète innocuité.

---

(1) Ruolz revendiqua, en vertu de son brevet, la propriété de cette industrie. Un procès fut commencé. Les uns, effrayés, se réfugièrent en Suisse ; les autres cessèrent de travailler. MM. Jacot-Girod obtinrent pour eux seuls la concession du droit de dorer à la pile jusqu'à l'expiration du brevet de Ruolz.

L'Horlogerie après 1848.

Avant 1848, l'horlogerie franc-comtoise faisait annuellement contrôler 170,000 montres, desquelles, à la vérité, la bonne moitié provenait d'importation; elle occupait et faisait vivre plus de trois mille personnes dans Besançon seulement. Mais comme cette industrie s'exerçait sans bruit, isolément et à domicile, je sais bien des gens qui ne connaissaient guère l'importance manufacturière de notre cité. La révolution de février fit tomber tout à coup la fabrique, et notre industrie, jusqu'alors presque obscure et cachée, se décela par ses souffrances : on vit les pauvres artistes, que la tourmente politique avait dévoyés, s'enrôler en foule dans des ateliers nationaux, et ferrer, faute de mieux, les chemins de la municipalité. On cite cependant certains établisseurs qui, persuadés que la crise serait passagère, ont vaillamment continué d'opérer, et, grâce au bas prix de la main-d'œuvre, ont réalisé d'importants bénéfices.

Notre fabrique aux abois fit rédiger un mémoire dans lequel, après avoir exposé le tableau trop réel de ses souffrances, elle réclamait la révision des droits d'importation, de marque et de garantie, et demandait un secours ou prêt gratuit de 240,000 fr. Le mémoire fut soumis à l'Assemblée nationale et au conseil du département, qui, dans sa délibération du 30 novembre 1848, émit les vœux les plus favorables à la révision qu'on réclamait, tout en exprimant le regret de ne pouvoir, en ce qui le concernait, accéder à l'emprunt demandé. Il va sans dire que malgré les vœux formulés par le Conseil général, en 1848, renouvelés en 1849 et 1850, l'administration supérieure n'eut aucun égard aux plaintes de nos fabricants.

Cependant, dès 1850, le contrôle accusait un chiffre de 106,960 boîtes poinçonnées, dont 59,000 et plus avaient été fabriquées à Besançon. C'était là un fait insolite et bien encourageant pour nous. La Suisse n'avait donc plus la priorité dans nos comptoirs!

Les années suivantes, ainsi qu'on s'en convaincra en parcourant les tables de la garantie, la fabrication française se maintint ferme en agrandissant encore les avantages qu'elle avait obtenus et qu'on peut, dès à présent, considérer comme définitifs.

Ces tables ont une éloquente signification.

MONTRES

	de Fabrique nationale.			d'Importation.		
	Or.	Argent.	Totaux.	Or.	Argent.	Totaux.
1850	11237	48451	59688	12918	34354	47272
1851	14818	52994	67812	15869	32076	47945
1852	19420	57144	76564	19492	37809	57301
1853	30197	69341	95538	12945	54559	81504
1854	32239	73658	105897	21398	64362	85760
1855	49509	92664	142163	23284	58082	81336
1856	60539	100312	160851	20434	47462	67896
1857	69110	108070	177180	17881	37364	55245
1858	65035	124601	189636	12338	33489	45827

Différence.

Le signe $+$ établit la différence en notre faveur, et le signe $-$ l'établit contre nous.

	MONTRES D'OR			MONTRES D'ARGENT		
	de Fabrique nationale.	d'Import.	DIFFÉRENCE.	de Fabrique nationale.	d'Import.	DIFFÉRENCE.
1850	11237	12918	$-$ 1681	48451	34354	$+$ 14097
1851	14818	15869	$-$ 1051	52994	32076	$+$ 20918
1852	19420	19492	$-$ 72	57144	37809	$+$ 19335
1853	30197	27945	$+$ 2252	65341	54559	$+$ 10782
1854	32239	21398	$+$ 10841	73658	64362	$+$ 9296
1855	49509	23284	$+$ 26225	92664	58082	$+$ 34582
1856	60539	20434	$+$ 40105	100312	47462	$+$ 52850
1857	69110	17881	$+$ 51229	108072	37364	$+$ 70708
1858	65035	12338	$+$ 52697	124601	33489	$+$ 91112

MONTRES

	de la Fabrique.	d'Importation.	DIFFÉRENCE.
1850	59688	47272	+ 12416
1851	67812	47945	+ 19967
1852	76564	57301	+ 19263
1853	95538	81504	+ 14034
1854	105897	85760	+ 20137
1855	142163	81366	+ 60797
1856	160851	67896	+ 92955
1857	177180	55245	+ 121935
1858	189636	45827	+ 143809

Comme on le voit, les fabriques étrangères profitent de l'amélioration progressive de nos affaires, pour nous envoyer leurs produits et ramener l'importation au point qu'elle avait atteint jadis. Elles participent, en vérité, jusqu'en 1854, à l'accroissement observé dans les chiffres du contrôle ; mais, à partir de ce moment, elles rétrogradent, elles déclinent, et nous montons encore. Cette décadence en plein progrès est la preuve sans réplique de leur défaite.

De 1842 à 1847, la moyenne des poinçonnements donnait :

	A la Fabrique.	A l'Importation.	DIFFÉRENCE.
Pour l'or. . .	8150	26000	— 17850 (1)
Pour l'argent.	48500	88840	— 40340

(1) Une différence de plus du double.

C'est à dire qu'avant 1848, nous alimentions le commerce des montres communes, et que l'importation lui fournissait les œuvres de prix. Or, c'est précisément le contraire de ce que nous remarquons aujourd'hui : si, d'année en année, l'importation diminue, c'est surtout en ce qui concerne les montres d'or.

Aujourd'hui Besançon possède la prééminence sur son marché ; elle a reconquis la position que d'habiles manœuvres, les trahisons et l'incurie lui avaient enlevée. Sa fabrique d'horlogerie est désormais dans ce qu'on appelle le *bon courant*, une fabrique de premier ordre. Il n'est plus seulement pour elle question d'asseoir sa prospérité, mais d'entrer résolument dans la phase des perfectionnements ; elle a lutté avec succès contre Neufchâtel : elle va rencontrer bientôt devant elle Genève, Genève qui, pour les ouvrages émaillés et enrichis, est jusqu'à présent restée sans rivale.

On commence à comprendre généralement que la prospérité de notre manufacture n'est pas tant dans l'extension de son commerce que dans la bonne confection de ses produits ; on sent qu'il convient de racheter notre réputation un peu ternie par suite de la fabrication énorme et subite à laquelle il nous a fallu suffire dans ces derniers temps, et que pour cela il devient nécessaire de relever, par de bonnes études, le niveau de l'intelligence et du savoir de nos artistes. On agite même en ce moment l'opportunité de fonder dans Besançon une école d'horlogerie théorique et pratique.

Nous avons signalé la tendance des campagnes, après 1830, à se livrer aux occupations de l'établi; après 1848, cette tendance est moins marquée : les villageois se contentent d'envoyer, comme apprentis, leurs fils au grand centre de la fabrique nationale. Cependant la commune de Morez, dont la manufacture de grosse horlogerie baissait dès longtemps de jour en jour, établit, en 1855, une école d'horlogerie fine, sous la direction d'une commission administrative. Cette école, qui débute, envoie chaque année au contrôle quelques boîtiers.

A ce propos, je me demande, en finissant, s'il est avantageux d'implanter l'horlogerie dans nos campagnes? Laissant de côté, bien entendu, l'intérêt des bons paysans, intérêt dont ils sont meilleurs juges que moi, et ne parlant qu'au point de vue de l'industrie seulement, je dis qu'il est des parties qu'on ne peut bien faire qu'au centre de la fabrique, parties artistiques et qui exigent tout à la fois un grand savoir et du bon goût, comme la confection des boîtes, le *gravage*, etc.; mais qu'il en est d'autres, comme les finissages et les échappements, qui peuvent fort bien être travaillés loin des comptoirs et par des mains rustiques, ainsi que le démontre la supériorité reconnue des *blancs de la Vallée* (1).

(1) Les *blancs* fabriqués dans le village du Val de Joux, et connus sous le nom de *blancs de la Vallée*.

DE L'HORLOGERIE.

L'homme a bien vite senti que les phénomènes
de la nature et leur retour périodique étaient in-
suffisants pour régler les mille détails de son existence. D'abord, il s'est servi du soleil pour subdi-
viser les jours par l'ombre des objets (1), plus tard
il a créé les sabliers et les clepsydres ; puis les horloges à moteur hydraulique, à balancier, etc. Il a
multiplié, en un mot, et perfectionné autant qu'il
a pu les instruments destinés à mesurer le temps,
« parce que, disait la sagesse de nos pères, le bon-
heur est dans la règle, et qu'il est bon de régler sa
vie, de manger, de travailler, de dormir à ses
heures. »

Il y avait bien loin déjà des sabliers aux clepsydres mues hydrauliquement et marquant les heures;
il y avait bien loin des clepsydres romaines aux
horloges à roues, à contrepoids, à sonnerie, etc.
Mais que tout cela est primitif et lourd à côté de
cette petite machine dont les battements isochrones

(1) Du gnomon.

et précipités règlent l'invisible mouvement de toutes ces roues dentées, si finement, si délicatement, si merveilleusement découpées! Comme cette montre est savamment établie et avec précision! comme on l'a richement ornée et artistement construite! la science de son exécution ne le cède qu'à la richesse, et la richesse à l'art. L'auteur de cette merveille ne vous semble-t-il pas un savant artiste?

Non, il n'est plus artiste ni savant, ce pauvre ouvrier qui, dès l'aube, s'assied à l'établi, la loupe à l'œil et l'archet ou la lime à la main, usant, frottant et polissant sans cesse d'imperceptibles pièces. C'est un artisan, c'est un homme de métier, c'est tout ce que vous voudrez; il creuse éternellement et toujours la même ébauche ; il pivote éternellement et toujours le même objet, il adapte invariablement des rubis qu'un autre a troués et polis de même au diamant; il est, en un mot, émailleur, pierriste, finisseur de roues, tourneur de cuvettes, polisseur d'aiguilles, dégrossisseur, sertisseur, doreur, guillocheur, etc., mais il n'est plus artiste. Autrefois l'horloger savait construire une montre entière, depuis la fabrication de l'ébauche jusqu'à l'emboîtage : alors il avait besoin de longues études et d'un sérieux apprentissage ; il travaillait en maître, s'attachant à parfaire et à retoucher sans cesse l'œuvre qu'il avait entre les mains; il était, en un mot, coûteux à former et lent à produire,

double raison pour laquelle les industriels lui pré-
fèrent et lui substituent l'artisan dont l'intelligence
repose en Dieu, mais dont les doigts ont agilité et
précision; ils se servent d'outils mus par mains
d'hommes en attendant un moteur moins coûteux,
plus agile encore et plus précis : c'est l'éternelle
histoire du père Tardif, l'homme absorbé par la machine. A quoi sert maintenant que l'ouvrier sache,
comme à Beaupré, faire des mouvements bruts?
les puissantes machines de Beaucourt les font par-
faitement bien; à quoi sert qu'il sache maintenant
dégrossir des fonds? nous avons les machines de
Tarragnoz, des laminoirs et des emporte-pièces qui
façonnent et dégrossissent pendants, boucles,
fonds et lunettes, avec une précision toute mécanique.

La fabrication d'une montre se compose d'une
série d'opérations particulières qui en sont ce qu'on
appelle les *parties*. Cette division du travail a,
comme dans les autres industries, des avantages
certains : par elle on obtient des produits à moins
de frais, on les obtient meilleurs, on les obtient
plus vite.

A. Supposons que, pour la confection d'une
montre, il faille dix opérations successives et dé-
licates : il est clair que dix apprentis, s'exerçant
chacun sur l'une de ces opérations, l'auront plus
vite apprise que si chacun d'eux doit les apprendre

toutes ; d'où, l'apprentissage étant plus facile , le travail en devient plus vil et moins coûteux.

B. Il est d'observation que plus on applique ses facultés à un objet déterminé, que plus on les dresse aux mêmes exercices, que plus, en un mot, on les spécialise, plus aussi elles approchent d'une perfection en quelque sorte mécanique. Je borne, bien entendu, l'application de cette remarque aux choses de l'ordre physique, le seul dont il soit ici question.

C. La troisième conséquence de la division du travail est, jusqu'à un certain point, renfermée dans ce qui vient d'être dit plus haut. Mais indépendamment de l'habileté avec laquelle on s'acquitte d'une opération qu'on fait souvent, il est certain que l'ouvrier gagne encore à ne changer pas sans cesse les préparatifs de son travail et les dispositions de son établi, changements dont ne peut se dispenser l'artiste qui passe successivement à chacune des opérations que nous avons supposées nécessaires à la confection des montres.

Le plus grave reproche qu'on puisse adresser au procédé économique de la division du travail, c'est qu'il dégrade l'ouvrier, c'est qu'il atrophie la pensée en la privant d'exercice, et qu'il laisse ainsi les facultés et les instincts de la bestialité se développer sans contrepoids. Toutefois, hâtons-nous de le dire. l'ouvrier d'horlogerie le plus à plaindre sous ce rapport, l'est encore infiniment moins que l'ouvrier des fabriques où l'homme et la machine sont en présence ; car là, c'est la machine qui coupe ou triture, façonne et travaille, et c'est l'ouvrier, son serviteur, qui l'approvisionne et la sert ; c'est elle qui maçonne, et c'est lui qui gàche. Dans les parties les plus viles de l'industrie horlogère, si nous en exceptons peut-être celle de la fabrication des ébauches, l'ouvrier peut suspendre son travail quand il lui plaît et aussi souvent qu'il lui plaît, et en tempérer la monotonie par des distractions variées.

Avec ce système de fabrication par parties séparées, l'horlogerie a donc beaucoup gagné ; elle peut vendre ses montres à bas prix, les mettre à la portée de chacun, et suffire à l'énorme consommation qu'on en fait. Par ce système, elle a peu perdu, si tant est, comme on le verra dans la suite, qu'elle y ait perdu quelque chose.

De ses progrès.

L'horlogerie est une branche de luxe. Elle ne l'est pas cependant au même titre que mainte autre industrie dont les produits ne sont commandés et dépensés que par la mode ou les caprices : une montre est un objet d'utilité avant d'en être un d'agrément. A la vérité, on l'a si richement vêtue, que la richesse en est la qualité la plus apparente.

Il est tout simple qu'en ce siècle où le luxe a pris et prend tous les jours d'effrayantes proportions, autant par suite de la généralisation d'un certain bien-être, que par suite du bas prix où sont descendus les produits industriels; il est tout simple, dis-je, que la consommation qu'on fait des montres soit énorme en comparaison de ce qu'elle était au siècle dernier. On considérait comme prodigieux, il y a cinquante ans, que Genève pût fabriquer et vendre annuellement 25,000 montres (PEUCHET, *Dict. de Géographie Com.*), et la fabrique bisontine a presque décuplé ce chiffre l'année dernière. L'accroissement du luxe a certainement et pour une large part contribué à l'agrandissement de l'horlogerie.

Une autre cause a coopéré, quoique d'une façon secondaire, à cet agrandissement; c'est la vie d'activité et d'inquiétude que nous menons tous. L'homme de la génération présente est pressé de vivre vite et beaucoup; il faut qu'il multiplie le temps de sa trop courte journée, et qu'il mesure son temps avec exactitude; il a besoin de régler ses actions d'une manière précise, et il est nécessaire qu'un instrument l'avertisse sans cesse des minutes qu'il peut consacrer à chaque chose.

Notre fabrique nationale, quoiqu'elle ait pris depuis un rapide et merveilleux essor, ne profita pas autant qu'on était en droit de s'y attendre, de l'accroissement de la consommation. Elle en profita moins que ses rivales, parce qu'elle n'avait pas autant qu'elles des forces de production, et que la rareté de ses ouvriers en rendait la main d'œuvre très élevée; parce qu'elle fonctionnait au milieu d'une population indifférente, pour ne pas dire plus, et sage en affaires; parce que surtout elle n'avait ni fonds ni crédit. Elle manquait, comme elle manque encore, des capitaux qui sont nécessaires à toute entreprise commerciale ou industrielle un peu considérable, et ne trouvait, pour s'en procurer, nul crédit dans Besançon, où l'esprit public n'a pas une foi bien robuste dans les spéculations de l'industrie. Le Franc-Comtois est armé par une apathie et une défiance instinctives contre les séductions que présente une entreprise à grands frais; il espère moins en la réussite qu'il n'appréhende les mécomptes; il confiera bien quelques fonds à l'industriel de sa connaissance qui opère avec réserve, mais il ne hasardera pas volontiers ses capitaux dans une opération considérable et peu sûre. L'horlogerie souffrit certainement beaucoup de cet état des esprits en Franche-Comté.

Aussi, malgré l'accroissement de la consommation, malgré la prospérité sans cesse grandissante des fabriques neufchâteloises, la nôtre demeura presque stationnaire, surtout si on la compare à ce qu'elle a été dans ces derniers temps, où elle a littéralement triplé ses produits en quelques années (1). Dans une période de vingt-cinq ans, la consommation des montres avait plus que doublé en France, et c'est à peine si notre fabrique avait doublé le chiffre de ses produits.

A quoi doit-elle le développement subit qu'elle a pris? Elle le doit beaucoup, selon moi, à un fait tout industriel ou commercial, comme on voudra, dont nous allons essayer de traduire les conséquences.

En 1848, des fabricants bisontins osèrent, comme on l'a vu (2), placer quelques capitaux dans la confection des montres, grâce au bas prix où la main d'œuvre était tombée, ils firent *établir* beaucoup et à bon marché; puis, quand le moment de vendre fut venu, quand la confiance commença de renaître, ils firent des offres que le commerce parisien s'empressa d'accueillir. Une fois le siphon rempli, pour qu'il fonctionne, il suffit de l'alimenter; une fois Paris s'approvisionnant à nos comptoirs, il suffisait, pour l'y conserver, de maintenir les conditions que nous lui avions faites. On s'est donc livré à une fabrication impossible; on a mul-

(1) Voyez cet Historique page 88.
(2) Voyez cet Historique page 86.

tiplié et précipité les apprentissages, afin de se procurer des ouvriers nombreux et à bon marché. De là est résultée cette augmentation progressivement énorme des produits de notre manufacture; mais de là aussi nous sont venus tous ces artistes sans talents, dont l'éducation est incomplète et manquée; de là encore ces produits mal confectionnés', qui sont sortis de nos ateliers et qui ont discrédité notre fabrique.

De sorte que nous pouvons nous demander si cette extension si brusque de notre fabrication constitue un véritable progrès. Economiquement parlant, il faut, pour qu'il y ait progrès, non seulement que les produits, tout en se vendant moins chers, soient livrés relativement aussi bons, ou que, devenant meilleurs, le prix n'en soit pas sensiblement plus élevé, mais encore que ce résultat soit permanent, qu'il soit amené, ou par la simplification des procédés de fabrication, ou par la diminution des frais de vente, ou par d'autres opérations qui ne lèsent, en un mot, ni fabricants, ni consommateurs. Autrement, c'est une déception. Car je ne vois pas un progrès dans l'opération judaïque que nous mentionnions tout à l'heure; ce n'est pas un progrès que ce développement temporaire, sans stabilité ni permanence, et qui n'est entretenu que par la vente déloyale de produits mal élaborés. Bien loin d'être un progrès, c'en est tout l'opposé : c'est un coup de commerce, c'est de l'agio, c'est tout ce qu'on voudra, mais ce n'est pas du progrès. Aussi Besançon souffre-t-il aujourd'hui de la réputation que certains industriels lui ont attirée, tout en semblant profiter des débouchés qu'ils ont ouverts ; Besançon souffre, mais se console et espère que, sa réputation s'améliorant, les débouchés lui resteront.

Besançon n'a-t-il fait que supplanter la Suisse depuis 1848, en livrant à des conditions qui lui sont onéreuses ? A-t-il abaissé ses prix en abaissant aussi parallèlement la qualité de ses produits ? Non, il a réalisé le progrès par ce fait seul qu'il s'est substitué à l'étranger et qu'il a supprimé les droits d'importation qui ne sont profitables ni au producteur, ni au consommateur ; il a réalisé le progrès en introduisant dans sa fabrique quelques procédés qui lui sont avantageux, comme celui du dorage à la pile, du dégrossissage à la mécanique, etc.; il a réalisé le progrès en poussant les villages et les plus pauvres bourgades dans la voie de l'exploitation industrielle et en obtenant ainsi des produits aussi beaux et aussi consciencieux, quoique moins coûteux à la fabrication, et relativement aussi lucratifs pour l'ouvrier.

De ses résultats.

Voilà donc notre province conquise, non sans peine, par l'industrie horlogère! Cette industrie ne pouvait manquer d'en modifier profondément les habitudes; elle devait, suivant Mégevand, en faire disparaître la misère avec son cortége de vices et de laideurs; elle devait lui procurer des biens de toutes sortes, *divitias atque animi et corporis sanitatem.* Voyons si elle a tenu ce qu'elle promettait, et si par elle la province est devenue effectivement plus riche, plus saine et plus morale.

—

§ Ier. — Sur la richesse.

« On appelle richesse, dit l'Encyclopédie nou-
« velle, tout ce qui est susceptible de satisfaire
« nos besoins et nos goûts matériels et intellec-
« tuels, que ces besoins et ces goûts soient réputés
« naturels, ou qu'ils soient l'effet de la civili-
« sation. »
Nous avons suffisamment établi (aux titres 9 et 10) l'utilité des produits d'horlogerie qui répondent à un besoin réel et légitime. Une industrie comme est la nôtre, qui donne de la valeur à ce

qui n'en avait pas auparavant, qui en ajoute à ce qui en avait moins (1), qui crée, en un mot, des produits utiles, est, sans nul doute, une source de richesses. Et s'il est vrai, comme le dit Montesquieu (*Esprit des Lois*, ch. 43), « qu'un pays qui « envoie toujours moins de marchandises qu'ils n'en « reçoit se met en équilibre en s'appauvrissant; » il l'est également que la Franche-Comté en vendant ses montres, se met en équilibre en s'enrichissant.

Comme il n'est pas possible d'évaluer d'une manière exacte le rapport de notre industrie, nous essaierons d'en faire une évaluation approximative. La manufacture de Besançon a fait poinçonner, en 1857, 177,180 montres, dont 69,110 (or), et

(1) Citons à l'appui ce passage d'Algarotti qui peint si bien la puissance créatrice de l'industrie : « Une livre de fer brut coûte environ 25 centimes en fabrique ; avec ce fer on fait de l'acier, et avec l'acier, le ressort appelé *spiral*, qui fait mouvoir le balancier d'une montre. Chacun de ces ressorts ne pèse que 0,005 gram., et quand il est parfait, on peut le vendre jusqu'à 18 fr. Avec une livre de fer, on peut donc fabriquer, en accordant quelque chose pour le déchet, 80 mille de ces ressorts et porter, par conséquent, à une valeur de 1,440,000 fr. la valeur première de 25 centimes. » Ceci s'écrivait, il y a trente ans environ ; les détails peuvent avoir changé, mais le fait reste comme preuve de ce que nous écrivons.

108,070 (argent). Elle a vendu les 69110 montres d'or à raison de 100 fr. l'une, soit.   6,911,000 fr.

Elle a vendu les 108,070 montres d'argent à raison de 30 francs l'une, soit. . . . .   3,242,100 »

En caisse. . . 10,153,100 fr.

Elle a dû employer dans·ce travail 845,621 grammes (or), à 3 fr. l'un, soit. . . . .   2,536,863 fr.

Et 2,151,185 grammes (argent) à 0,20 cent. le gramme, soit. . . .   430,237 »

Et 14,750 douzaines d'ébauches avec pignons assortis, à raison de 40 francs la douzaine (prix maximum), soit. . . . .   588,000 »

Débours. . . . 3,555,100 fr.

Différence. . . . 6,598,000 fr.

Il reste acquis à la fabrication intérieure 6,598,000 fr., ce qui fait pour chacun des 3,000 horlogers de la statistique officielle un revenu net de 2,200 fr. . . . . 6,598,000 fr.

Reportez. . . 6,598,000 fr.

REPORT. . . . . . 6,598,000 fr.

Ajoutons à cela le produit additionné des fabriques répandues dans la province; et nous aurons un aperçu de l'énorme circulation de numéraire qui chaque année la vivifie.

SELONCOURT (huit établissements pour pignons, ébauches, finissages et blancs, 500 ouvriers), donne :

A l'exportation. . . . . 350,000 fr.

A l'importation. . . . . 300,000 »

BERNE ET LA CHAPOTE (mouvements de pendules, mouvements divers, 600 ouvriers), donnent :

A l'exportation. . . . . 300,000 »

A l'importation. . . . . 500,000 »

HÉRIMONCOURT (deux établissements pour pignons de petite horlogerie, 80 ouvriers), donne :

A l'exportation. . . . . 100,000 »

A l'importation. . . . . » »

MONTBÉLIARD (neuf fabriques ; articles de Berne et de Seloncourt, environ 100 ouvriers), donne :

A l'exportation }
. . . . 1,500,000 »
A l'importation }

REPORTEZ. . . . . . 9,648,000 fr.

Report.	9,648,000 fr.

Les Gras (fournitures et outils d'horlogerie, manches d'outils; 240 ouvriers), donnent :

A l'exportation.	34,384 »
A l'importation.	154,058 »

Foncine-le-Haut (200 ouvriers), — Foncine-le-Bas (100 ouvriers); pièces de grosse horlogerie; caisses d'horloges. Le quart seulement des ouvriers travaillent toute l'année. — Morrz (100,000 horloges de Comté, horloges d'édifices, montres; depuis 1855). . . . . 2,500,000 »

Montécheroux (outils d'horlogerie; 300 ouvriers, dont les deux tiers sont en même temps petits cultivateurs. — Trois principales maisons : Pierrefontaine, 10 ouvriers; Liebvillers, 20 : Chamesol exportation . . . . 350,000 »

Plusieurs ateliers situés aux Seignes, au Cerneux, au Nid-du-Fol n'ayant point d'existence légale, exportent clandestinement leurs produits. Nous ne croyons pas exagérer en évaluant à plus d'un

Reportez. . . .	12,686,442 fr.

Report. · · · ·   12,686,442 fr.

million le rapport annuel de l'horlogerie dans toutes ces localités in-
dustrieuses de la frontière, qui
vendent leurs finissages à l'étranger, comme Morteau, le Russey,
Maîche, Battenans où, les nuits
d'hiver, chaque fenêtre est splen-
didement éclairée, soit. . . . . . . 1,000,000 »

Total. . . . . . 13,686,442 fr.

Plus de 13 millions! Voilà certes un merveilleux résultat! On dira, car il faut bien rabattre quelque chose des éloges qui sont prodigués à l'industrie, qu'elle attire la foule par l'appât des bénéfices, et que cette foule consommant enlève des produits à l'exportation ou en demande à l'importation. On dira encore qu'une industric nouvelle et prospère enlève des bras à d'autres industries plus modestes ou moins lucratives, et qu'elle occasionne ainsi une diminution de produits d'une autre espèce.

Pour ce qui regarde l'horlogerie, elle ne s'est bien fondée à Besançon qu'après démonstration faite des bénéfices considérables qu'elle est suscep-tible de donner; elle n'y a pas attiré la foule par un éclat mensonger, et l'agriculture, à laquelle elle enlève des bras, n'y a pas notablement souffert à cause d'elle. Cette branche industrielle a donc de tous points enrichi Besançon, c'est incontestable. Mais combien plus encore elle a, sous ce rapport, servi ces localités pauvres de la haute montagne ! Combien plus encore elle a enrichi Foncine, les Gras, Morez, patrie de ces horloges de Comté au timbre clair et sonore, la Faucille, peuplée de lapidaires qui vivent dans l'aisance, etc. ! Elle y a créé des ressources précieuses, comme on peut en juger par les quelques détails que nous allons donner sur l'établissement des Gras.

La vallée des Gras est sauvage et rebelle à la culture, en raison de la très-grande inclinaison des montagnes qui l'entourent ; les habitants de ces régions froides, patrie des neiges et des sapins, y vivaient pauvrement, d'une vie triste et somnolente, et dans une sorte d'hivernation de six mois, quand M. Vallangin conçut l'idée d'y fixer l'industrie que les événements de 1831 y apportaient (1). Il mit en apprentissage, chez les émigrés suisses, quelques jeunes gens du pays, lesquels sont devenus des ouvriers habiles et des maîtres à leur tour, tels que les Gamaches, les Gloriod, les Gauthier, etc.

Mais la tâche qu'entreprenait M. Vallangin n'était

(1) Voy. Historique page 81. M. Vallangin, originaire des Gras, ancien élève de l'Ecole de Châlons, avait été contre-maître de l'Ecole d'horlogerie de Mâcon.

pas facile à remplir ; non seulement il fallait fabriquer, mais encore il fallait vendre. Or, il avait à rivaliser avec des maisons bien établies et réputées ; il avait à soutenir une puissante concurrence; car, depuis plus d'un siècle, la fabrique des outils d'horlogerie avait son siége à Couvet (Neufchâtel). Il encouragea les ouvriers ; il leur fournit des modèles ; il se procura quelques avances pour asseoir son crédit, et fit plusieurs voyages à l'étranger, notamment en Angleterre, pour établir des débouchés à ses produits. C'est ainsi qu'après quelques années de lutte et de persévérance, la commune des Gras, ignorée jusqu'alors, commença d'être visitée par des négociants et des industriels de tous pays ; les habitants de cette vallée pauvre lièrent des relations commerciales avec toutes les parties du monde, et aujourd'hui près de 300 ouvriers y sont occupés, soit à la confection des outils, soit à la fabrication des mouvements. Le seul commerce des outils et de leurs manches rapporte à la commune des Gras près de 200,000 francs!

De quoi vivait le pauvre peuple de ces contrées arides avant l'introduction des arts d'horlogerie? De la fabrication des seilles, des rateaux, des manches de faulx, un peu d'autre chose encore, et beaucoup de la contrebande.

Nous n'avons pour la satisfaction légitime de nos besoins ici-bas, que deux moyens, ou fabriquer directement les produits nécessaires à notre consommation, si cela nous coûte peu, ou en fabriquer d'autres et les échanger contre ceux qui nous manquent, si cela nous coûte moins. Or, le premier moyen qui fut utile dans les siècles de barbarie, est devenu inapplicable pour nous; il nous est, sous tous les rapports, plus avantageux de recourir à la voie des échanges. Si donc l'habitant des plaines nous fournit son froment et ses étoffes, il est bon qu'il reçoive de nous le cadran qui marque les heures. Ainsi la Providence, dans des vues sages, sans doute, et civilisatrices, a voulu que l'homme policé ne pût vivre en dehors de la famille sociale, mais qu'il dépendît, jusqu'à un certain point, de son frère par des nécessités naturelles.

En somme, les richesses sont accrues dans un pays par l'industrie manufacturière qui s'y établit. Mais ces richesses, à qui sont-elles profitables?

Les millions que le commerce des montres rapporte à la Franche-Comté servent à nourrir, dans Besançon, plus de 4,000 ouvriers et des centaines de familles qui vivent d'eux. La statistique officielle porte, à la vérité, pour Besançon, à 3,186 le chiffre des horlogers, mais combien d'autres que la statistique ne voit pas, parce que, pauvres honteux, ceci soit dit à l'éternelle louange de notre industrie! ils dissimulent leur misère, (grâce à un établi clandestin.) Ajoutez à cela les nombreuses familles réparties dans les centres manufacturiers que nous avons cités ; joignez-y des centaines de petits marchands et de gens de toute profession que l'horlogerie fait vivre, et vous aurez un aperçu du bien qui doit résulter et qui résulte nécessairement de ces millions venus du dehors et dépensés annuellement dans la province.

Je sais que malgré la rareté des ouvriers et la prospérité sans cesse croissante de notre manufacture, que malgré l'énorme consommation qu'on fait de nos montres, et à laquelle nous avons peine à suffire, l'horloger gagne à présent moins qu'autrefois. Ainsi un bon finisseur touchait, en moyenne, de quinze à dix-huit cents francs par an, avant 1848, aujourd'hui il n'en touche au plus que douze cents ; la partie des échappements, partie minutieuse et fatigante, où l'œil a besoin d'être appliqué à des objets d'une finesse et d'une ténuité extrêmes, donnait de seize à dix-huit francs par jour de travail ; elle n'en donne plus que de huit à dix ; le remonteur, obligé de fournir les vis et les tenons, de payer le réglage et la casse des pierres, des cylindres et des pivots, etc., ne gagne plus que huit francs par jour. On accuse de cela les marchands, ou mieux certains spéculateurs de bas aloi qui ont systématiquement avili la main d'œuvre, en introduisant dans le commerce les montres de pacotille, et l'ouvrier se plaint que, grâce à ces industriels, on ne sache plus maintenant distinguer l'artiste du gâcheur.

Il est bien vrai que des établissements sans probité ont accepté des ébauches finies au prix de quarante-cinq francs la douzaine, quand les ébauches brutes en coûtaient autant, et que sciemment ils ont fait là une opération mauvaise, soit que l'ébauche et les pignons fussent de rebut, soit que le finissage en eût été grossièrement fait. Mais ces opérations ne pouvaient avoir qu'un temps : Un commerce qui vit de fraude, vit de poison et se tue. On estime si peu l'horloger sans talents qu'on le laisse inoccupé à côté de l'habile, dont les cartons sont remplis; on sent si bien le besoin d'avoir des ouvriers instruits, qu'une commission d'horlogerie vient, à l'heure qu'il est (21 janvier), de décider la fondation d'une école pratique et théorique destinée à multiplier les bons apprentissages et à relever le niveau du travail dans nos ateliers. Et si les prix ont baissé, c'est surtout, comme on doit l'imaginer, dans les parties les plus lucratives et dont l'apprentissage est en même temps plus facile et moins coûteux : ce résultat était inévitable; ils ont baissé moins dans les parties difficiles, et cela se conçoit; mais ils ont baissé déjà, et ils baisseront encore certainement, en vertu de cette pondération professionnelle, j'allais dire en vertu de cette loi : l'homme court aux professions riches et favorisées, et délaisse celles qui le sont moins, jusqu'à ce que l'équilibre, après une série d'oscillations, paraisse établi.

Quoi qu'il en soit, il n'est peut-être pas une industrie où la main d'œuvre soit aussi fortement rétribuée que dans la nôtre, et où l'ouvrier soit aussi riche et aussi recherché. Cela tient à ce que l'horloger est un artisan hors ligne, duquel les aptitudes sont plus spéciales, le travail moins commun et moins vil qu'ils ne le sont dans la plupart des industries manufacturières. Cela tient encore à ce que les produits d'horlogerie, œuvres d'art, sont très-chers sous un petit volume, et, par conséquent, de transport commode; toute la valeur en est constituée par la main d'œuvre, puisqu'il n'entre pas dans une ébauche pour vingt-cinq centimes de matière première. Le débit, en temps ordinaire, en est facile à l'intérieur, où la manufacture bizontine est sans rivale, et où les montres du dehors n'arrivent que frappées d'un droit d'importation. Il est certain qu'une fabrique, avec de telles conditions, doit donner des bénéfices assurés et complets. Et cela est, en effet.

Tous ces ouvriers nombreux, et gagnant gros, satisfont pleinement les besoins de la vie et font circuler parmi nous un numéraire dont l'emploi fait en quelque sorte l'utilité; et qui se reproduit par le mouvement, *crescit eundo.* Qui pourrait dire de combien la consommation s'est accrue dans la province et dans Besançon par le fait de l'horlogerie? dans Besançon surtout, où jadis les rues étaient tristes et désertes, où la vie commerciale n'existait presque point. On n'y avait pas l'oreille fatiguée du bruit des lourds camions courant sur les galets de la chaussée, nous disent les gros bourgeois et les prébendiers; je le crois bien, mais ce silence de la campagne au sein d'une grande ville était la mort des petits marchands et du pauvre monde qui, chaque matin, encombrait le Pilori (1).

Mais, dira-t-on, si Besançon a triplé, par l'horlogerie, la somme de ses richesses, il ne faut pas croire qu'il encaisse sans perte les quelques millions dont sont payés ses œuvres d'art. Les loyers, les denrées, les objets de consommation y sont plus chers, et partant, la vie y est devenue plus difficile; on y a échangé l'économie et l'amour de l'ordre contre la dissipation et les plaisirs; des vertus contre des vices.

Pour ce qui est du premier point, on ne peut nier ce fait du renchérissement de toutes choses, renchérissement que les uns considèrent comme un bien, les autres comme un mal. Mais doit-on l'attribuer principalement à l'horlogerie, ou ne serait-il que le résultat d'une cause plus générale et

(1) Le Pilori, moderne forum où se débattent chaque matin, entre patrons et journaliers, les variables conditions de l'embauchage. Des femmes et des hommes de peine stationnent en tout temps sur cette place, mais surtout à l'aube, attendant que le maître du champ vienne louer leurs services.

plus effective? Car Besançon, sous ce rapport, n'a pas plus à souffrir que Grenoble, où l'industrie manque totalement, que Dijon, que Strasbourg, etc.

Quant aux modifications survenues dans nos habitudes, nous les examinerons au § III.

---

§ II. — Sur la santé.

Une industrie peut être insalubre, ou par elle-même, ou par la manière dont on l'exerce. La nôtre n'est du moins pas insalubre pour son voisinage, constatons ce fait en passant; elle n'est même pas, comme tant d'autres, une source d'incommodités ou de dégoût : elle n'a rien de hideux ni de repoussant dans son exercice, elle n'infecte pas l'air par l'odeur ou la fumée de ses laboratoires. Si donc l'horlogerie est insalubre, elle ne l'est que pour ceux qui l'exploitent.

Il est difficile de traiter d'une manière générale les résultats hygiéniques d'une industrie qui s'exerce par parties séparées et distinctes, lesquelles n'ont de commun, pour ainsi dire, que les produits qu'elles confectionnent.

Les ouvriers d'horlogerie travaillent, soit isolément à domicile, soit en nombre indéterminé dans un atelier. Ils n'y sont jamais très-nombreux : deux, trois, quatre, ou dix au plus, de sorte qu'on peut affirmer qu'ils échappent généralement aux conditions créées par l'encombrement. De plus, à un atelier, il faut la clarté du grand jour; l'horloger pour travailler les fines pièces d'une montre, a besoin de beaucoup de lumière, et, par économie, il utilise, autant qu'il le peut faire, la lumière du soleil. Mais les conditions de la santé sont si nombreuses, qu'il est bien difficile de les remplir toutes; et si l'horlogerie n'enlève à ceux qui la cultivent ni la lumière, ni l'air, en revanche elle les oblige à la vie sédentaire et les prive des salutaires excitations de la vie du dehors. Les horlogers sont contraints de tenir tout le jour une position à demi-fléchie sur un établi, position fatigante, qui comprime les organes de la digestion et y détermine les troubles fonctionnels les plus variés. Sous ce rapport, notre artiste n'est pas plus favorisé que les gens de métier, que les tailleurs d'habits, que les cordonniers et les tisserands; il est condamné à l'immobilité. Que dis-je? l'horloger, plus malheureux que ceux-là, vit constamment dans une atmosphère imprégnée de particules métalliques qui vont porter le feu dans ses veines; il respire, pour ainsi dire, cette poudre de cuivre qui jaillit sous le tranchant de son burin et qui s'attache intimement à ses poumons comme elle s'attache à l'épiderme de ses doigts. Et on ne peut pas contester qu'il absorbe le cuivre, puisque ses cheveux en revêtent quel-

quefois une teinte caractéristique d'un bleu ver-
dâtre, teinte qui se remarque à ses ongles, dans sa
salive et dans ses os mêmes (1).

Prétendrait-on que la présence du cuivre dans
nos tissus leur est inoffensive ? Outre que cette
opinion semble certainement paradoxale plus que
l'opinion contraire, des faits me paraissent en établir la fausseté. Ainsi, dans l'année 1857, la seule
dont nous ayons pu consulter consciencieusement
les tables mortuaires, il est mort de fièvre lente ,
qualifiée *phthisie* (2), soixante - neuf personnes ,
dont soixante-deux avaient une profession déterminée. Sur ce chiffre, vingt-un étaient horlogers ,
soit les 34 0/0, plus du tiers. Or, la population horlogère n'est pas à la population non horlogère de
Besançon dans la proportion d'un dixième !

En dehors de l'horlogerie, cette année-là, la population civile compte environ dix phthisiques par
cent décès, soit un dixième (je néglige, bien entendu les âges extrêmes de la vie ; c'est à dire tout
ce qui est au-dessous de quinze ans et au-dessus de
soixante-dix). L'horlogerie, de son côté, compte
21 phthisiques sur 60 décès, un peu plus du tiers ;
et encore, sur les 39 restants, 19 sont morts de la fièvre typhoïde qui sévissait à Besançon cette année-là.

(1) *Millon.* Mêm. Acad. des sciences.
(2) De φθίω je detruis je corrode.

Que conclure de tout ceci ? c'est que l'horlogerie est, sous le rapport hygiénique, une profession industrielle avant tout, et, comme toutes les professions industrielles, plus ou moins funeste à tous ceux qui la cultivent, et qu'il est fort plaisant d'y voir entrer des campagnards débiles, par raison de santé. Je le répète, l'horlogerie est, avant tout, une profession industrielle, mais non plus insalubre que tant d'autres : elle tend, je le crois et le dis avec regret, à étioler cette belle nature séquanaise, si forte et si vivace.

—

§ III. — Sur la moralité.

S'il est difficile de déterminer d'une manière exacte l'influence de l'industrie horlogère sur la santé, il l'est bien plus encore d'en déterminer l'influence sur la moralité. Comment, en effet, comparer la Franche-Comté d'après 1830, avec celle d'avant 93, dont l'image est altérée dans les récits rétrospectifs de nos aïeuls ? Comment affirmer les dissemblances de la province à ces deux époques ? Comment surtout discerner, dans la production de ces dissemblance, la part qu'il faut faire à l'horlogerie ? et si le sensualisme grossier domine aujourd'hui la pensée générale, jusqu'à quel point ce résultat doit-il lui être imputé ?

Le propre de toute industrie est d'enrichir, c'est à dire de fournir des produits à la consommation générale. Quand l'industrie fleurit quelque part, elle y amène un bien-être inaccoutumé; l'argent y devient moins rare, l'aisance y succède à l'indigence, et comme l'homme est, par nature, facile à glisser sur la pente des joies mondaines, il embellit sa vie privée, l'assaisonne de mille douceurs dont il manquait, et quitte ainsi sans peine, mais non sans regret, des habitudes de simplicité dont il était impatient, pour contracter des goûts de luxe et de dépense, lesquels feront un jour sa ruine et son malheur. C'est ainsi qu'avec l'extension de l'industrie, nous voyons nos besoins grandir d'une façon proportionnelle, et que tout en ayant effectivement plus de richesses, nous sommes en réalité aussi pauvres que nos pères; c'est que, comme l'a dit Montesquieu (1), « l'opulence est dans les « mœurs et non pas dans les richesses. »

L'horlogerie, comme l'industrie en général, a contribué certainement à nous affliger de ces besoins dispendieux dont nous souffrons, qu'ils soient ou non satisfaits. Elle nous a appris à vivre trop de la vie sensuelle, et à jeter, comme on dit, l'argent par les fenêtres. Le bon sens populaire a émis ce dicton : Ce qui vient par la flûte s'en retourne au tambour. C'est là une vérité d'observa-

(1) Grand. et décad., chap. X.

tion. Ce qui vient par la flûte, c'est à dire le bien qui n'est pas amassé laborieusement et pièce à pièce profite peu. Cela tient sans doute à ce qu'on en sent moins le prix ; on n'est pas autant pénétré de ce qu'en vaut l'inestimable possession, que si on l'a gagné à la sueur de son front et convoité ardemment dans le temps qu'on en était privé. Comparez, sous ce rapport, l'artisan des villes avec l'ouvrier des champs : celui-ci est parcimonieux autant que celui-là l'est peu. Les artistes ou ceux qui prennent ce nom, à quelque catégorie qu'ils appartiennent, sont en général des modèles de dissipation et d'imprévoyance.

Généralement, l'ouvrier d'horlogerie gagne, en temps ordinaire, au-delà de ce qu'il faut à l'homme pour vivre raisonnablement. Mais, outre les nécessités de la table et du couvert qu'il faut payer tous les mois, il a celles des plaisirs qu'il faut escompter tous les lundis, et qui fatalement absorbent tout son gain. Que va-t-il faire quand viendra la saison des longs chômages ? il n'y pense seulement pas. Les uns, et c'est le plus grand nombre, sont devenus prodigues et libertins par le manque de prévoyance ; les autres le sont devenus par esprit d'imitation. Ils sont entraînés, le croirait-on, par l'exemple de certains artistes qui, doués de beaucoup d'habileté et de talents, abusent de leur merveilleuse aptitude pour se livrer et satisfaire aux excès les plus scandaleux ; ils copient, faute de mieux, leur inconduite, et soutiennent qu'il est nécessaire, pour bien travailler, de se retremper souvent dans les plaisirs.

Il est économiquement vrai que la richesse se reproduit par le mouvement. Mais il ne faut pas cependant exagérer cette vérité. Le fondateur de la colonie Suisse, L. Mégevand, établit, dans son mémoire, une comparaison dont on pourra contester la justesse, mais que j'admets, parce qu'elle ne tire pas à conséquence. « Le numéraire, dit-il, est « comme le sang; il faut qu'il circule pour vivi- « fier. » Oui, certes, je le pense ainsi; mais on doit prendre garde de stimuler trop cette circulation; car, si le sang bat trop vite, l'homme a la fièvre, et au lieu de gagner des forces, il en perd. Ce sont les industriels qui, sous prétexte d'alimenter l'industrie, poussent la société moderne à cette consommation illimitée. Les horlogers, animés par cette manière de voir, semblent comme jetés fatalement, par leur profession même, dans la voie des prodigalités hors de propos (cela n'est il pas démontré quand on considère le grand nombre de gens prodigues que l'horlogerie renferme? n'est-il pas absurde de supposer un *consensus* aussi parfait sans une cause générale?).

Mais là se borne l'influence de l'horlogerie sur notre moralité; et, si les liens de la famille sont brisés, si l'autorité paternelle s'est affaiblie, si la foi religieuse va s'éteignant, nous l'en déclarons, jusqu'à preuve du contraire, irresponsable. Cette décadence des mœurs est un fait trop universel pour qu'on puisse l'attribuer à l'industrie d'un pays ; il faudrait pour cela supposer un effet plus grand que sa cause, admettre une conséquence plus vaste que son principe, ce qui est absurde. D'ailleurs, dans le temps même où le Conseil général du Doubs (en 1823) faisait, d'une façon si éclatante, l'éloge des artistes de la colonie (1), il demandait que la législation française renforçât l'autorité paternelle, affaiblie déjà dans nos révolutions. L'inconduite des enfants et l'impuissance des pères étaient donc antérieures à l'avènement des arts industriels en Franche-Comté.

Disons cependant quelques mots d'une coutume assez générale chez les horlogers, laquelle me semble être la négation et l'anéantissement de l'esprit de famille. Il n'y a pas très-longtemps que, dans un certain monde, il était d'usage de confier les enfants à des nourrices : cet usage, que la morale et la religion réprouvent, hors de nécessité, tend de jour en jour à disparaître, excepté chez les horlogers, qui le maintiennent par des raisons prétendues d'économie. En effet, moyennant une prime mensuelle de dix francs, ils trouvent à se débarrasser d'une créature importune qui réclame

(1) Voy. Historique, page 75.

sans cesse les soins de sa mère et l'empêche de gagner par mois 80 francs à l'établi. Cette spéculation, qui est commune dans l'industrie, en est la
honte.

L'horlogerie, malgré tout ce que nous en avons
dit, est certes moins immorale et moins avilissante
surtout que les industries collectives, où l'ouvrier
est tout le jour tenu comme à la chaîne dans un
atelier communautaire, loin des siens et de son
foyer. L'horloger, au contraire, travaille en famille,
et aucune joie domestique ne lui est étrangère; il
vit dans son intérieur, dont l'habitude lui fait un
besoin, et il y puise des distractions de bon aloi;
il n'est pas nécessairement en rapport avec un com-
pagnon corrupteur et corrompu; il est, en un mot,
dans d'excellentes conditions pour bien faire. Que
si quelque chose a remis en défaveur l'horlogerie
dans Besançon, c'est cette agglomération de quelques jeunes gens trop vite émancipés et courant
sans frein; c'est une troupe de quelques bohêmes
qui nous sont venus de Suisse, après avoir colporté
de ville en ville leur inconduite et leur opprobre.

Je finis : Si notre artiste a contracté des goûts
de luxe, des habitudes d'un confortable dispendieux, n'en accusons que la nature humaine, qui
supporte moins bien la bonne que la mauvaise
fortune, et nous disculperons ainsi l'horlogerie qui
n'a pas précisément pour but de nous moraliser,
mais plutôt de nous enrichir.

De son avenir.

Il n'est pas ici question de rechercher ce que deviendra la fabrique bisontine dans un temps donné; nous savons trop combien les éventualités industrielles sont subordonnées à l'action de causes obscures, ou que la spéculation n'entrevoit pas, ou qu'elle entrevoit, mais qu'elle néglige de faire entrer en ligne de compte, et nous laisserons à d'autres, plus perspicaces, le soin de poser et de résoudre ce difficile problème. Cependant, nous pouvons, sans crainte, affirmer que Besançon, quoi qu'il arrive, est désormais et pour longtemps en possession d'une manufacture d'horlogerie. En effet, si l'on considère l'enchaînement des parties horlogères entre elles, leur grand nombre et leurs connexions, on admettra difficilement la possibilité de les implanter toutes dans un pays et simultanément.

Nous poserons donc la question dans des termes qui la définiront mieux, et nous dirons : Si l'horlogerie française peut s'agrandir, quels sont les moyens qu'il convient d'employer pour cet agrandissement?

La fabrique, dans ses jours de malaise, accuse tour à tour de ses souffrances, et l'indifférence d'un pouvoir qui la néglige, et la concurrence des étrangers qui la paralyse, et les exigences tracassières du contrôle, etc... (1) Je ne nie pas l'existence des griefs que nos fabricants articulent, mais j'en nie la gravité. En effet, une conséquence ressort de l'historique qui précède: A quoi tient la prospérité extraordinaire de la manufacture depuis 1848? A des modifications des tarifs douaniers? point : à des modifications du contrôle et de l'essayage? nullement; à des encouragements pécuniaires, à des exemptions, à des primes? pas davantage. Sans contester la valeur de tout cela et l'action bienfaisante d'une bonne et sage administration, de tarifs vraiment protecteurs, des encouragements et des exonérations, nous prétendons que la prospérité de notre industrie a tenu et tient encore à des causes moins vaines et réclame des mesures plus larges et plus philosophiques.

Les mesures indiquées jusqu'ici, et que nous rapporterons par ordre de date, sont ;

A. *Les encouragements pécuniaires, soit sous forme de primes, soit sous forme d'avances sur gages, etc.* Le système d'encouragement pécuniaire est en apparence le plus simple et le plus efficace. Aussi, dès le principe, fut-il employé par nous en

(1) Voy. Mémoire présenté en 1848 à l'Assemblée nationale par la manufacture.

vue d'affermir la colonie naissante, d'indemniser les artistes des déplacements qu'on leur demandait, et de les soutenir dans la lutte que leur devaient inévitablement livrer les manufactures rivales. Assurément, dans des circonstances pareilles, des avances de fonds sont indispensables; mais en est-il de même quand il s'agit de pousser temporairement une industrie prospère dans une direction nouvelle, et de lui ouvrir des débouchés qu'elle est impuissante à se créer d'elle-même? La Chambre de Commerce (1) ne l'a pas pensé l'année dernière. De tels encouragements, qui lèsent le pays tout entier, ne doivent être délivrés qu'avec la plus grande réserve, car ils enlèvent à l'industrie qu'on croit favoriser une spontanéité qui solidifie ses opérations; ils lui impriment un mouvement factice qui n'est pas stable comme s'il était le fait du temps et amené par la supériorité reconnue de ses produits.

Quant aux avances sur gages, nous avons entendu des gens du métier les qualifier d'insignifiantes, et le résultat de la mesure que vient d'adopter la Banque démontrera s'ils ont raison.

B. *La prohibition qui nous assure le monopole du commerce des montres à l'intérieur, de forts droits d'entrée sur les montres étrangères, etc.* Des

______

(1) De Besançon.

128

droits d'importation modiques, il est vrai, sont
établis sur les montres étrangères, mais nos fabricants, forts d'eux-mêmes, ne demandent plus qu'on
les augmente; ils savent, et le passé le démontre,
combien ces prétendus droits de protection sont
impuissants pour protéger véritablement. La fraude,
par des procédés adroits, a toujours su s'en exemp-
ter. Lisez plutôt : « Quelques négociants suisses
« fraudent les droits tout en restant dans la léga-
« lité.Pour ce, ils détachent le mouvement de la
« montre de son boîtier et en démontent les pièces.
« Ils importent alors le boîtier seul, par acquit,
« comme objet de bijouterie, au droit de 20 fr.
« par hectogramme, et les diverses pièces du
« mouvement sous la dénomination de fournitures
« d'horlogerie, au droit nul de 5 francs le kilo-
« gramme (1). »

« D'autres fabricants suisses expédient en con-
« trebande à des fabricants français des boîtiers à
« l'état brut; ceux-ci nationalisent ces boîtiers par
« leur poinçon, les présentent à la garantie comme
« produits de leur fabrication, et les renvoient en
« Suisse revêtus du contrôle (2). » (C'est que depuis 1842, l'administration n'agréait plus au contrôle les boîtiers à l'état fini.)

(1) Mémoire cité page 69.
(2) Id. page 72.

« D'autres spéculateurs installent près de la
« frontière, dans le département du Doubs, un pe-
« tit atelier de *blancs*, qu'ils meublent d'un ou
« deux ouvriers, et au moyen duquel ils masquent
« une importation frauduleuse considérable. Une
« fois leurs *blancs* suisses arrivés dans cet atelier,
« ce que la proximité de la Suisse rend facile, ils
« se font délivrer le *certificat* d'origine voulu par
« la loi et les expédient sur Besançon en passavant
« comme produits français (1). »

C. *Des modifications du contrôle.* Les monteurs
de boîtes disent que le poinçon est d'un trop gros
diamètre ; quand on l'applique sur les petites
boîtes, il écrase le pendant, et celles de femmes
ont ainsi un coup d'œil moins beau que celles de
Suisse ; dans ce pays, on a la liberté de ne pas poinçonner, ou si on le fait, c'est avec un très-petit
poinçon qui n'altère en rien la forme du pendant.
Ils disent encore que les droits de contrôle et d'essayage sont un peu lourds, et que les Suisses sont
plus favorisés que nous dans les bureaux, puisqu'ils
paient moins à l'essai. En effet, nous avons déjà noté
ce reproche (Historique, p. 76) adressé justement à
l'administration ; mais je m'étonne d'entendre cette
réclamation dans la bouche de nos fabricants ! Si
l'on avait recours à une mesure plus équitable, la-

(1) Mémoire page 74.

quelle obligerait les fabricants suisses à payer, comme nous, trois francs par essai d'or, croit-on sérieusement que notre fabrique en vaudrait beaucoup mieux? Non ; c'est au pauvre essayeur surtout que la mesure serait profitable. Or, cet employé, qui fait peu de bruit, très-expert à toucher ou à gratter les boîtes, ne se plaint pas, que nous sachions ; il perçoit sans murmurer, bon an mal an, 25,000 livres et quelques sous : laissons donc cet homme à ses fourneaux et à son eau régale!

D. *L'établissement de marchés ou foires, de comptoirs, etc.* Il est question de créer des marchés d'horlogerie à Besançon, qui deviendrait ainsi une place de vente ; il est à désirer que ce projet se réalise. Les marchés auraient d'incontestables avantages : 1º ils éviteraient aux établisseurs ces déplacements forcés qui les livrent tout nus à la merci des commerçants ; 2º ils donneraient aux transactions une lucidité et des garanties de loyauté qu'elles n'ont pas toujours ; 3º ils serviraient enfin de base d'appréciation et seraient comme un régulateur indiquant, à époques fixes, les besoins du commerce, et empêchant ainsi le retour de ces anomalies dissonantes, la production qui grandit pendant que la consommation décroît.

En attendant que cela soit, certains spéculateurs proposent de créer à Besançon un magasin de dépôts, un stock qui renfermerait non seulement les objets de nantissement, comme un mont-de-piété, mais encore des produits simplement exposés et mis en vente.

D'autres parlent de fonder dans les grands centres des comptoirs de vente, afin qu'ainsi l'industriel échappe à la rapacité du commerçant. Pure utopie!

E. *La création d'écoles.* On a, cette année même, agité l'opportunité d'une école d'horlogerie, école théorique et pratique capable de former de bons élèves, de relever le niveau intellectuel et artistique des ouvriersde la fabrique, de développer peut-être dans quelque inculte cervelle le germe du génie scientifique, de donner à notre manufacture une vie propre, et de la faire sortir du sentier battu dans lequel elle se traîne à la suite des fabriques neufchâteloises. Puisse cette agitation n'être pas stérile! car il est temps que Besançon sorte de son inertie; comme cité industrielle, elle n'a pas un produit qui lui soit propre; elle copie servilement les œuvres étrangères et n'a jamais pu leur imprimer un cachet.

F. Enfin l'horlogerie réclame, comme mesure d'ordre et de police, l'institution d'un syndicat d'horlogerie, plus apte que les tribunaux ordinaires à connaître des discussions qui s'élèvent entre maîtres et élèves, patrons et ouvriers.

Quoi qu'il advienne de ces réclamations, dont quelques-unes sont justement fondées, l'horizon de notre industrie grandira, nous le pensons ainsi; et, dût l'épreuve que nous traversons se prolonger longtemps encore, l'horlogerie française en sortira et plus belle et plus forte. La succession des crises qu'elle a éprouvées dans le passé, le bon marché relatif du vivre et du couvert en Franche-Comté, la réputation de bon goût dont jouissent nos produits en Europe, tout nous garantit ses succès dans l'avenir. Qu'elle se prépare donc, par de savants apprentissages, des ouvriers et des artistes, car bientôt elle disposera et du temps, qui voit naître les circonstances, et de l'argent qui en profite. Or, ce qu'il faut à l'industrie, c'est du temps et des capitaux.

PIÈCES JUSTIFICATIVES.

1.

Les représentants du peuple composant le Comité de Salut public, ayant pris connaissance d'un arrêté par lequel leurs collègues Bassal et Bernard, délégués par la Convention nationale pour les départements du Doubs, du Jura et autres circonvoisins, ont formé le projet d'un établissement d'Horlogerie dans la ville de Besançon, et fixé les secours de divers genres qni seraient accordés aux artistes étrangers qui désireraient y prendre part ;

Considérant que cette nouvelle branche d'industrie ne peut tendre qu'à la prospérité nationale, procurer du travail à un grand nombre d'individus, et attacher au sol de la liberté des familles persécutées ailleurs, arrêtent :

ARTICLE PREMIER. — Le Comité de Salut public approuve l'établissement d'une manufacture d'horlogerie dans la ville de Besançon, où pourront être admis les artistes étrangers dont les talents et le patriotisme seront reconnus.

ART. 2. — Les logements et secours qui pourraient être nécessaires pour le succès de cet établissement, seront fixés par les représentants du peuple désignés pour les susdits départements. Lesdits représentants sont invités à prendre le plus promptement possible les mesures nécessaires à cet objet, et auxquelles ils sont autorisés en vertu des pouvoirs illimités dont ils sont investis.

26 brumaire an II.

*

134

2.

Les représentants du peuple délégués par la Convention
nationale pour les départements de la Côte-d'Or, du Doubs,
du Jura, etc.

Considérant que l'établissement d'Horlogerie formé à Besançon prend tous les jours de nouveaux accroissements,
qu'outre les six cents ouvriers rassemblés dans cette ville, un
nombre considérable d'artistes étrangers se présente sans
cesse pour partager les avantages procurés à ceux qui y sont
déjà établis ; qu'il est important de perfectionner l'organisation d'une fabrique aussi précieuse, d'assujétir à des formes
régulières la distribution des indemnités et des secours accordés aux ouvriers étrangers ; d'assurer aux frères Mégevand,
aux citoyens Trot père et fils qui ont, à grands frais, et par
le zèle le plus actif, procuré l'établissement de cette manufacture, les gratifications, indemnités et avances qui leur ont
été promises ; qu'enfin il est essentiel de surveiller toutes les
opérations de cette fabrique, arrêtent ce qui suit :

ARTICLE PREMIER. — Il y aura une Commission pour surveiller et faire prospérer la manufacture d'Horlogerie formée
à Besançon.

ART. 2. — Cette Commission est chargée de prendre connaissance de tous les ouvriers et artistes étrangers composant cette manufacture, de tenir un registre où seront ins-
crits leurs noms, surnoms, profession, le lieu de leur demeure
et celui de leur domicile antérieur dans les pays étrangers
le nombre d'individus qui forment leur familles avec leur
âge ; de veiller à la distribution des secours et indemnités
qui leur sont accordés ; d'ordonnancer les remises des fonds
nécessaires à cet effet, ainsi que toutes les avances jugées
indispensables pour le succès de l'établissement.

Art. 3. — Cette Commission correspondra immédiatement avec le Ministre de l'intérieur sur l'état de la manufacture, sur ses progrès et sur les mesures qu'elle croira nécessaires pour la faire prospérer.

Art. 4. — Elle sera composée de quatre citoyens qui choisiront l'un d'eux pour président, de trois suppléants, et d'un secrétaire chargé du registre des délibérations et de la correspondance.

Art. 5. — Elle s'assemblera, tous les quartidi et octidi de chaque décade ; néanmoins le secrétariat restera ouvert tous les jours, excepté celui du repos, afin que les enregistrements et les correspondance ne soient jamais retardés.

Art. 6. — Il est accordé à chacun des Administrateurs pour indemnité, qui sera payée par trimestre sur le trésor national, la somme annuelle de huit cents livres. Le traitement du secrétaire est de quinze cents livres ; les suppléants ne recevront aucun traitement.

Art. 7. — En cas de mort ou de démission de l'un des Administrateurs ou des suppléants, il sera remplacé par les autres Administrateurs et suppléants réunis, à la pluralité des suffrages. Ils choisiront de même dans la suite le secrétaire de la Commission.

Art. 8. — Les Administrateurs de cette Commission sont les citoyens N. N. N., les suppléants sont les citoyens N. N. N. Le citoyen Lambert est nommé secrétaire.

Art. 9. — Outre la Commission administrative, il y aura un Comité d'inspection chargé de surveiller de près la conduite des ouvriers et de prononcer sur toutes les réclamations et plaintes relatives aux travaux d'horlogerie.

Art. 10. — Ce Comité sera composé de quatre citoyens choisis à la pluralité des suffrages par les ouvriers composant la manufacture, convoqués à cet effet par la Commission administrative.

Art. 11. — Toutes les réclamations ou plaintes qui n'auront pas été terminées à l'amiable par ce Comité, seront portées à la Commission administrative qui prononcera définitivement.

Art. 12. — La Commission administrative choisira un lieu convenable pour ses séances et pour celles du Comité. Le loyer sera payé par le trésor national, ainsi que tous les autres frais de bureau qui seront reconnus nécessaires.

Fait en Commission à Besançon, le 1er frimaire an II de la République française une et indivisible.

Signé : BASSAL.

3.

Communication des Administrateurs du District au représentant Sarrazin.

19 floréal en III.

« Depuis le 9 thermidor on ne voit plus les artistes assister
« aux fêtes ; ils ne partagent plus l'allégresse des bons ci-
« toyens ; l'enthousiasme de ceux-ci n'a produit sur eux qu'un
« sentiment froid qui tient plus du mécontentement que de
« l'indifférence ; en un mot, entre eux et les citoyens il y a
« une démarcation évidente, etc...... »

4.

L'Agence à la Commission des Arts et Manufactures.

14 vendémiaire an IV.

« Nous croyons devoir, citoyens, vous prévenir des trou-
« bles qu'on a voulu susciter dans notre commune, parce que
« les artistes y ont la plus grande part. Leurs cris séditieux,
« leurs provocations contre la classe de citoyens qui a eu à
« souffrir du régime révolutionnaire, enfin leur conduite qui
« annonce les dispositions les plus turbulentes et les plus
« sanguinaires nous ont affligés par le tort qu'ils peuvent faire
« à l'établissement dont nous sentons toute l'utitité. Les
« patrouilles qu'on avait mises sur pied en ont saisi quelques-
« uns qui eussent été punis si le représentant du peuple,
« Perrin (des Vosges), n'eût pas sollicité pour eux. Mais
« l'indulgence, qui ramène les hommes égarés, ne fait que
« donner plus d'ardeur à ceux qui ont de mauvaises inten-
« tions. Il faudra tôt ou tard en venir à une épuration, c'est
« la seule mesure qui puisse assurer la prospérité de la fa-
« brique, contre laquelle on verra bientôt se déclarer tous les
« Français amis de l'ordre, si la conduite de ceux qui la com-
« posent tend à le troubler sans cesse. Le citoyen Denys Faivre
« nous a même manifesté, d'après ce qui s'est passé, une
« grande répugnance à travailler au moulin à lavure ; cepen-
« dant nous l'avons engagé à ne pas suivre ce mouvement,
« il attend, pour commencer, l'arrivée d'nn ouvrier habile.
« Ils (les artistes) se plaisent à se rassembler autour d'un
« homme proscrit par l'opinion publique, qui les fait mou-

« voir à son gré, qui leur conseille les excès les plus con-
« damnables. Après s'être plaints des dispositions des Fran-
« çais à leur égard ; au lieu de chercher à les ramener par
« des procédés honnêtes, ils les aliènent encore davantage en
« se séparant d'eux, en méconnaissant et outrageant même
« les corps administratifs qui jouissent de l'estime des bons
« citoyens.

« En renvoyant quelques-uns d'entre eux, nous pensons
« que les autres *mériteraient de devenir nos frères*. Le plus
« factieux de tous est H..., qui, dans toutes les occasions,
« s'est montré indigne des faveurs du Gouvernement, qui a
« été arrêté dans les derniers rassemblements, et que les
« moins honnêtes de ses camarades avouent être un coquin.
« Il faudrait au moins qu'en attendant une mesure générale,
« on en prît une particulière contre cet individu.

« C'est à regret, etc..... »

5.

12 messidor an IV.

« Le Ministre de l'Intérieur soumet au Directoire exécutif
« une proposition relative aux artistes attachés à l'Horlogerie
« nationale de Besançon, qui demandent l'établissement
« d'une caisse de prêt et d'encouragement conformément aux
« dispositions du décret de la Convention nationale.

« Le Directoire ajourne sa décision. »

139

6.

*Le chef de la 4ᵉ division du Ministère de l'Intérieur à
Charles.*

2 thermidor an IV.

Je vous avais annoncé, citoyen, par ma lettre du 12 du
courant, que le Ministre avait ordonné le versement en valeur métallique de 720 marcs d'argent nécessaires au paiement
des frais d'apprentissage de l'horlogerie. C'est avec regret
que je vous préviens aujourd'hui que ce versement ne peut
avoir lieu. L'état de détresse dans lequel se trouvent nos fi-
nances ne permet pas de disposer d'une somme aussi forte.
En attendant des circonstances favorables, le Ministre vous
autorise à convertir en numéraire les 32,400 livres (valeur
fixe) que vous avez entre les mains, et à les distribuer par
forme d'à-compte aux divers chefs d'ateliers qui ont des
élèves dont l'apprentissage doit être payé par le Gouvernement.

Signé : J.-B. Dubois.

7.

*Loi du 4 germinal an VII concernant l'établissement
d'Horlogerie nationale de Besançon.*

« Article premier. — Les règlements et le titre établis pour
« la manufacture nationale de Besançon par les arrêtés des
« représentants du peuple et du Comité de Salut public,

« confirmés par la loi du 6 messidor an III, etc. seront pro-
« visoirement conservés jusqu'à ce que le Corps législatif
« ait, dans sa sagesse, adopté les moyens les plus propres à
« assurer l'existence et la prospérité de ces ateliers et fa-
« briques. »

8.

Article 4 du décret portant création d'un bureau de garantie à Genève.

21 août 1806,

« Art. 4. — L'exemption du driot de garantie accordée
« par l'arrêté du 3 vendémiaire an VIII à l'Horlogerie des
« départements du Doubs et du Mont-Terrible est suppri-
« mée. Cette exemption est restreinte aux seuls objets des-
« tinés pour l'étranger qui seront seulement soumis au droit
« d'essai et devront être au titre prescrit par la loi du 19 bru-
« maire an VI. Ils seront dispensés du poinçonnement lors-
« que le fabricant le demandera. »

FIN.

Lyon. — Impr. de Louis Perrin, rue d'Amboise, 6.

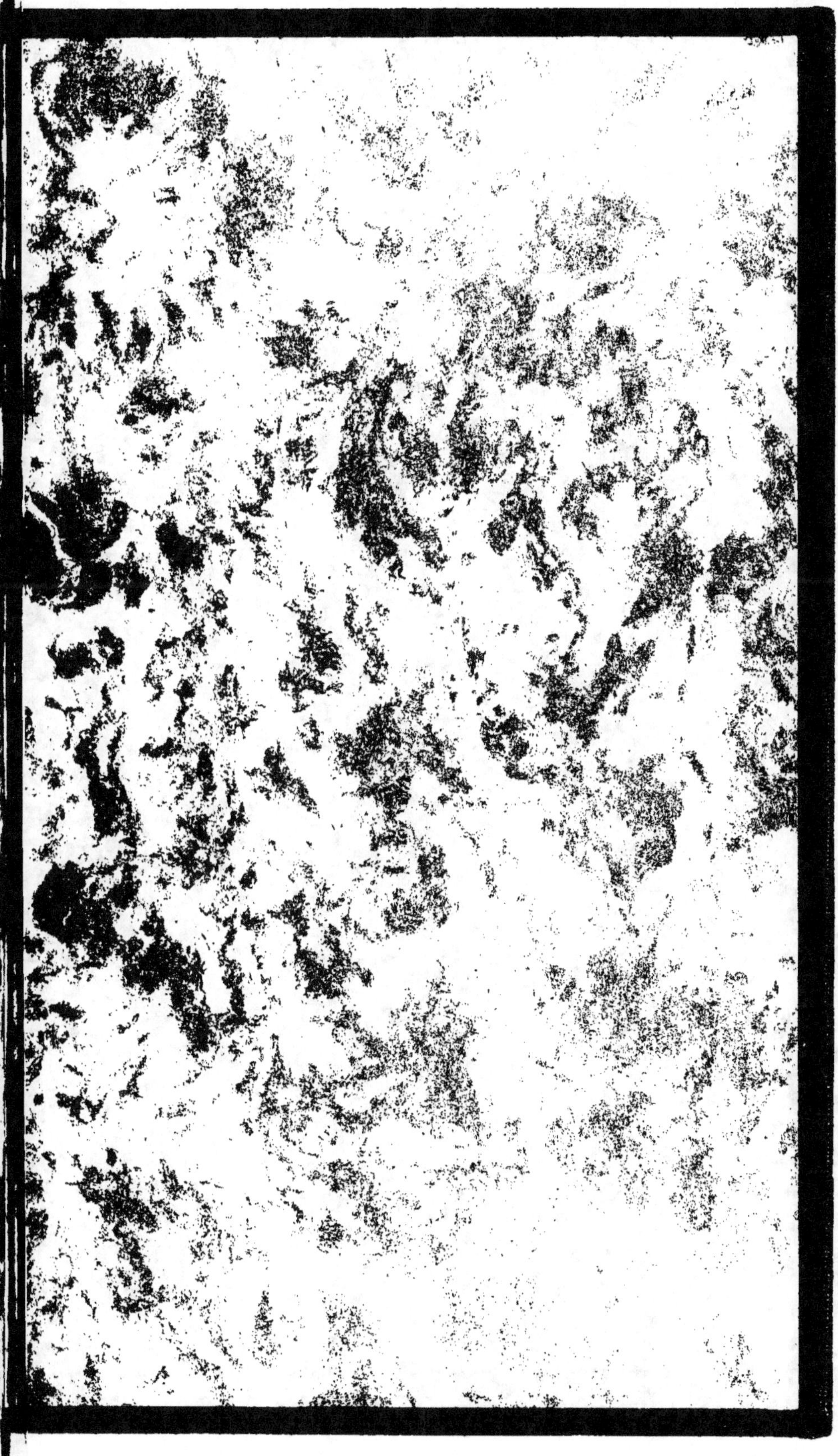